영화로
새로 쓴
물리교과서

영화로 새로 쓴 물리교과서

최원석 지음

이치 ichi SCIENCE

영화를 보며 숨은 그림을
찾는 즐거움

내가 본 드라마 중 가장 중독성이 강한 것은 '프리즌 브레이크' 였다. 어떤 드라마인가 싶어 1편을 봤는데 도저히 궁금함을 참을 수 없어서 몇 편을 이어서 보다가 잠을 설친 경우가 한두 번이 아니었다. 한동안 나의 생활을 엉망으로 만들어 버린 이 드라마가 요즘에는 영어 공부를 하는 즐거움을 선사하는 효자 드라마가 되었다. 10년 가까이 영어 공부를 했지만 성적 때문에 한 공부였고, 취업 때문에 준비한 것이었기 때문에 영어 공부에 대한 재미를 별로 느껴 보지 못했다. 그렇게 재미없이 한 영어 공부였기에 아직도 외국인을 만나면 더듬거리고, 원서를 읽는데 적지 않은 어려움을 느낀다.

요즘에는 재미있는 사극들이 참 많다. 그 중 조선의 정조를 주인공으로 한 '이산' 이라는 드라마를 빠트리지 않고 보는 편이다. 분명 국사 시간에 다 배운 내용인데, 시전, 난전 상인이나 금난전권에 대한 이야기가 새롭게 다가왔다. 고등학교 때 시험을 위해 열심히 암기했던 내용들이지만 고등학교와 대학교를 졸업하는 동안 많은 내용들이 내 기억 속에서 사라져 갔던 것이다. 이외에도 '주몽'이나 '대조영', '태왕사신기' 등의 드라마는 한동안 잊고 있었던 우리의 과거 역사에 대해 다시금 관심을 가지게 하는 역할을 했다. 물론 실제 역사를 왜곡했다는 비판을 받기도 하지만 그러한 지적을 하기 위해서

는 당연히 역사에 대한 관심이 있어야 가능하다. 잘 만든 드라마 한 편은 훌륭한 역사 교과서 역할을 해낼 수 있는 것이다.

2007년은 과학 교육을 하는 사람들에게는 아주 참담한 해로 기록될 것이다. 경제협력개발기구(OECD)가 2006년 실시한 '학업성취도 국제 비교 연구(PISA)'의 과학 분야에서 우리나라가 세계 11위를 기록했기 때문이다. 11위 정도면 그렇게 나쁜 성적이 아니라고 생각할 수도 있겠지만, 2000년도에는 동일한 평가에서 1위를 차지했다는 것을 생각하면 지속적으로 하락하고 있는 학생들의 성적이 큰 문제라고 할 수 있다. 이러한 결과에 대해 관련 전문가들은 2002년부터 시행된 제7차 교육 과정의 문제점을 지적했고, 교육부는 그 책임을 일선의 과학 교사들에게 전가시키기 바빴다.

현장에서 느끼는 과학 교육의 위기는 더욱 심각하다. 대부분의 인문계 고등학교에서 자연반을 선택한 학생보다 인문반을 선택한 학생의 수가 월등히 많다. 학생들이 원하는 과목을 선택해서 배운다는 취지가 소위 공부하기 쉬운 과목의 선택으로 이어졌고, 이러한 과정에서 과학을 선택하는 학생들의 숫자는 날이 갈수록 줄어들고 있다. 더욱 심각한 것은 물리와 같이 이공계 기본 과목을 개설조차 하지 않는 학교들이 늘고 있으며, 대학에서는 공대 학생을 뽑는 데도 불구하고

과학 성적을 반영하지 않는 곳도 있다.

이번 결과에 대한 교육부의 조치는 간단하다. 초·중·고교의 과학 교육을 실험과 실습 중심으로 바꾸어 학생들이 과학을 흥미롭게 느낄 수 있도록 하겠다는 것이다. 물론 과학 수업을 하는데 실험과 실습이 가장 좋은 수업이라는 데는 이의가 없다. 하지만 입시와 상관이 없는 초등학교와 중학교에서는 이것이 가능하겠지만 사실 입시를 앞두고 실험 시간을 늘린다는 것은 그리 쉬운 문제가 아니다. 또한 모든 수업을 실험으로 하기도 어렵다.

이러한 상황에서 학생들이 과학에 흥미를 느낄 수 있도록 이용할 수 있는 가장 효과적인 수업 매체가 바로 영화인 것이다. 영화는 단순히 학생들의 흥미를 끄는 데 그치는 것이 아니라 과학-기술-사회가 어떤 관련이 있는지에 대한 수업을 하기에도 적합하다. 또한 영화는 과학이 사회에(반대로 사회가 과학과 과학자에) 어떤 영향을 줄 수 있는지를 대중들에게 가장 설득력 있게 전달한다. 하지만 어떤 경우에는 영화들이 반과학적이거나 비과학적인 생각을 대중들에게 각인시키는 역할도 한다. 스크린이 가장 강력한 정보 전달 매체라는 것을 생각하면 영화를 통해 과학을 공부해 보는 것은 단순히 수업을 흥미롭게 하는 차원을 넘어 바람직한 과학 문화 확산에 기여하는 일이 될 수 있을 것이다.

2003년 '영화 속에 과학이 쏙쏙!!'에 대한 독자들의 반응이 너무

뜨거웠다. 뒤늦게나마 이 책을 통해 독자들에게 감사의 말을 전해야 하겠다. 이에 힘입어 이번에 이 책을 쓰게 되었고, 앞으로 화학, 생물, 지구과학에 대한 책도 조만간 완성시킬 예정이다. 이번 시리즈는 대상이 고등학생이기는 하지만 될 수 있는 한 수식을 별도로 처리하여 과학에 관심 있는 중학생과 일반인들도 마치 영화 속에서 숨은 그림 찾기를 하듯 즐거운 마음으로 읽을 수 있게 구성하였다.

이 책을 완성하는데 많은 분들의 도움이 있었다. 이 책을 빨리 쓰게끔 재촉하고 많은 도움을 주신 이수아 선생님, 단지 후배라는 이유만으로 계속 도움을 주고 있는 박준일, 김미화 선생님, 2003년부터 꾸준히 조언을 해 주고 계시는 양덕환 선생님의 도움이 있었기에 책이 완성될 수 있었다. 끝까지 좋은 책을 만들기 위해 노력해 준 도서출판 이치의 여러분에게도 감사를 드린다.

2003년에는 말도 잘 못할 만큼 어렸던 아들 녀석이 이제는 과학에 많은 흥미를 보이는 꼬맹이로 자랐다. 이번 방학에는 아들 규민이를 위해 학교 과학실에서 실험을 몇 가지 해 봐야겠다. 그런데 뭘 해야 좋아할까?

2008년 1월

최 원 석

nettrek@chol.com

차 례

힘과 에너지

1

01
운동의 기술

길을 헤매다 목적지를 가게 되면?

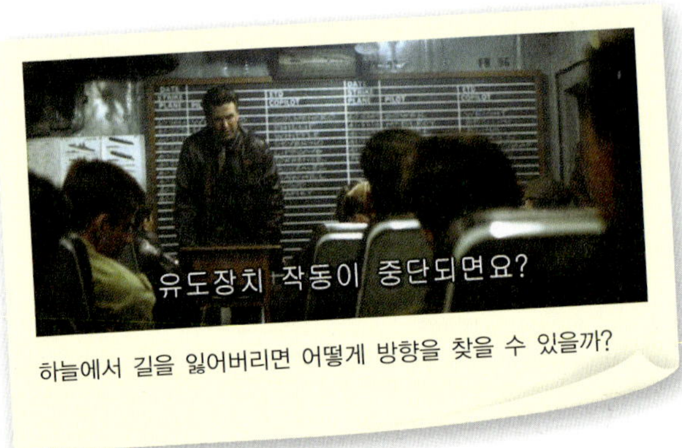

하늘에서 길을 잃어버리면 어떻게 방향을 찾을 수 있을까?

〈진주만〉 둘리틀의 폭격기 편대가 출격하기 전 작전에 대해 이야기를 하고 있다. 작전에 참가하는 조종사가 '폭격을 한 후에 어떻게 돌아오느냐는'고 묻자 둘리틀은 돌아오지 않고 중국으로 간다고 대답을 한다. 중국에 있는 유도 장치에 의해 착륙을 하라는 것이다. 만약 유도 장치 작동이 중단되면 조종사의 감각(感覺)으로 착륙을 하라고 한다. 그렇다면 유도 장치는 왜 필요할까?

1941년 12월 7일 평화로웠던 미국인들의 일요일 아침은 일본의 진주만 공습으로 엉망이 되어 버린다. 이에 미국은 진주만 공습으로 꺾인 국민들의 자존심을 세우고, 일본의 세를 눌러버릴 사건이 필요하게 된다. 이러한 목적으로 계획된 것이 바로 둘리틀의 일본 폭격인 것이다. 이 폭격으로 일본 군부는 큰 충격을 받게 되고, 미국은 전세를 가다듬어 일본에 본격적인 공세를 취하게 된다. 1942년 미국 항공모함 호넷호에서 출격한 둘리틀의 B-25 폭격기 16대는 일본의 도쿄, 요코하마 등을 폭격하고 중국으로 날아간다. 이때 중국의 유도 장치가 작동이 안 되면 어떻게 할 것인가에 대한 조종사의 질문에 둘리틀은 감각으로 착륙을 하라고 한다. 실제로 둘리틀은 1929년 유도 장치 없이 오로지 계기판에만 의지해서 착륙한 기록을 가지고 있었던 유명한 인물이다. 둘리틀 이전의 비행에서 한 지점에서 다른 지점으로 가기 위한 비행은 거의 조종사의 감각 즉, 운에 맡기는 경우가 많았다. 초창기 조종사들은 대륙에서 이동을 할 때는 기차 철로를 따라 비행을 많이 했다. 이것은 철로가 길을 찾기 위해 좋은 표지판 역할을 했기 때문이다. 이렇게 감각에 의존한 비행으로 가장 유명한 것은 찰스 린드버그의 뉴욕~파리 간 무착륙 비행이다. 그는 항공 우편 배달 파일럿 출신으로 경험을 살려 비행을 성공시켜 영웅이 된 것이다. 장거리 비행에서는 비행기의 위치를 알려주는 유도 장치가 꼭 필요하다. 유도 장치에 대한 연구를 통해 전후에 전파 항법이 출현하면서 많은 비행기들이 안전하게 날 수 있게 되었다.

비행기가 목적지로 날아갈 수 있는 항로는 여러 가지가 있을 수 있다. 호넷호에서 일본을 폭격한 후 중국으로 날아갈 때 길을 잘 못 찾아서 헤매면 이동 거리가 길어지고, 연료가 모자라게 된다. 하지만 일본에서 중국까지 직선으로 날아간다면 거리는 최소한이 되고 그만큼 연료가 모자랄 가능성도 줄어든다. 이동 경로에 상관없이 처음과 끝점을 잇는 직선의 길이 즉, 위치의 변화를 변위라고 한다. 만

약 둘리틀의 폭격기가 일본을 폭격하지 않고 중국으로 바로 날아가
더라도 변위는 같다. 이는 변위가 처음 위치와 나중 위치에 의해 결
정되는 값으로 경로와는 무관하기 때문이다.

왜 총알을 잡을 수 없을까?

〈슈퍼맨〉 클라크(슈퍼맨)는 로이스(마곳 키더 분)와 함께 길을 걸어가다가 총 든 강
도를 만난다. 클라크(크리스토퍼
리브 분)는 겁에 질린 듯하지만,
로이스 앞에서 총과 마주하고
있다. 그러면서 그는 강도를 설
득하려 하지만, 그 어설픈 설
득이 먹혀 들어갈 리 없다. 로
이스는 핸드백을 강도에게 건
네주는 척 하다가 땅에 떨어
뜨린다. 강도가 백을 주우려
고 하는 순간 로이스는 강도
를 발로 차게 되고 이에 놀란
강도는 로이스를 향해 총을 쏜다. 이를 본
클라크가 강도의 총으로부터 날아오는 총알을 잡으며, 놀란 척하고 쓰러진다. 도둑의
총에서 로이스까지는 약 1 m 정도가 되고, 총알의 빠르기는 350 m/s라 하자. 그렇다
면 슈퍼맨은 로이스가 총에 맞지 않게 하려면 얼마 내에 총알을 잡아야 할까?

슈퍼맨의 여자 친구는 슈퍼맨을 믿는 것인지 강도의 총 앞에서
도 용감한 모습을 보여 준다.

　로이스를 구하기 위해서는 총알이 그녀에게 도달하기 전에 슈퍼맨
이 먼저 총알을 잡아야만 한다. 즉, 슈퍼맨은 총알이 로이스에게 도
달하는 데 걸리는 시간보다 빨리 반응해야 한다. 속력은 이동 거리를
시간으로 나누어 준 것으로 이동 거리를 속력으로 나누어 주면 총알

의 도달 시간을 알 수 있다.

$$t = \frac{s}{v} = \frac{1\,\text{m}}{350\,\text{m/s}} = 0.002857\,\text{s}$$

속력(v)은 이동 거리(s)를 시간(t)으로 나누어 준 값이다.

$$v = \frac{s}{t}$$

따라서 슈퍼맨이 0.002857초 이내에 총알을 잡아내지 못하면 총알이 로이스에게 도착한다. 슈퍼맨이기 때문에 이렇게 엄청난 빠르기를 자랑한다고 해도 문제될 것은 없다. 하지만 우리의 신경전달 속도(15~25 m/s)를 고려해 반응 시간을 따져 보면 인간의 신경전달 체계로는 도저히 이 시간에 반응할 수 없다. 무슨 이야기냐 하면 날아오는 총알을 봤다 하더라도 손이 말을 듣지 않는다(?)는 이야기다. 즉, 뇌에서 명령이 근육까지 도달할 시간이 부족해서 총알을 보고도 어쩔 수 없다는 것이다. 과학 교과서에서는 떨어뜨린 지폐를 잡는 실험을 통해 신경전달 속도를 알아보기도 한다. 두 사람이 조를 이루어 한 사람은 지폐를 떨어뜨리고 다른 사람은 이를 잡는다. 지폐를 떨어뜨리면 쉽게 잡을 수 있을 것 같지만 쉽지 않다. 이는 떨어지는 지폐를 보고 손가락을 움직이는 데까지 약 1/7초 정도 걸리는데, 지폐가 손 사이를 빠져나가는 데는 1/8초 정도 걸리기 때문이다.

야구에서 타자에게 공을 칠 것인지 말 것인지 판단하는 데 주어지는 시간도 0.5초가 되지 않는다. 이것도 훈련에 의해서 겨우 칠 수 있는데, 슈퍼맨은 이렇게 짧은 시간에 그 작은 총알을 잡아내다니…… 역시 그는 슈퍼맨이다.

우주선과 총알의 경주

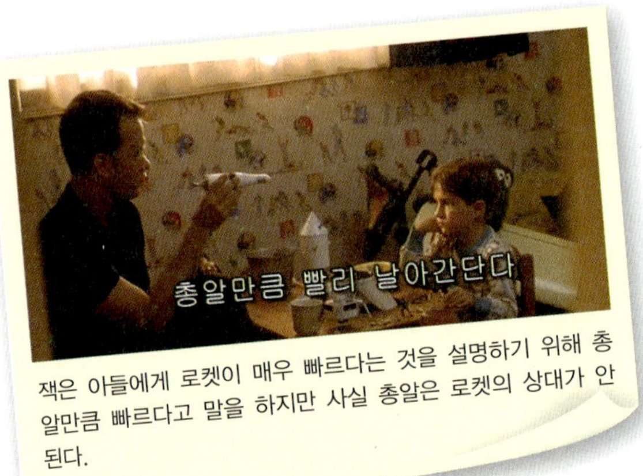

잭은 아들에게 로켓이 매우 빠르다는 것을 설명하기 위해 총알만큼 빠르다고 말을 하지만 사실 총알은 로켓의 상대가 안 된다.

〈아폴로 13〉 우주인인 주인공 잭(톰 행크스 분)이 아들에게 달까지의 비행에 대해 설명을 하고 있다. 아들이 달에 가려면 며칠이나 걸리느냐고 묻자 잭은 4일이라고 대답하며 이것도 무척 빠른 것이라는 이야기를 한다. 또한 "새턴 로켓이 우릴 쏘아 올리면 총알같이 빨리 날아간다."라고 말하며 아들이 알아듣는지 모르지만 달의 인력과 궤도에 대한 이야기도 곁들인다. 과연 총알이 우주선보다 빠를까?

옛날에는 매우 빠르다는 것을 이야기하기 위해서, '화살과 같이 빠르다'는 표현을 사용하였다. 하지만, 총이 발명되고 난 후에는 '총알과 같이 빠르다'는 표현을 사용했다. 요즘에는 빛의 빠르기를 알

우주선의 궤도를 보면 '8' 모양을 하고 있는데 이것은 로켓의 속력을 증가시키는 데 지구와 달의 인력을 이용하기 위한 방법으로 이를 '슬링샷'이라고 한다.

기에 '빛과 같이 빠르다'는 표현을 하기도 한다. 잭은 아들의 이해를 돕기 위해 총알과 같이 빠르다는 말을 했지만 우주선이 총알보다 훨씬 빠르다. 즉, 간단히 계산을 해 보면 총알이 지구와 달 사이를 직선으로 날아간다 해도 약 11일이 걸리게 된다. '8'자형 궤도를 그리며 도는 우주선의 경우 더 먼 거리를 날아갔지만 시간은 훨씬 적게 걸렸으니 우주선이 얼마나 빠른지 짐작할 수 있다(이렇게 비행하는 것은 지구나 달의 중력을 이용하여 더 큰 속력을 얻기 위한 것이다). 실제 아폴로 13호는 4월 11일에서 17일까지 7일간 비행을 하고 지구로 귀환했다.

80일간 세계 일주를 했을 때 속도

〈80일간의 세계 일주〉 발명가 필레스 포그(스티브 쿠건 분)는 자신을 무시하는 왕립학회 회원들과 내기를 한다. 포그는 80일 만에 세계를 일주할 수 있다는 것. 포그는 시종 패시파토트(성룡 분)와 함께 여러 가지 모험을 펼치면서 마침내 80일 만에 출발지 런던으로 다시 돌아오는 데 성공한다. 그렇다면 포그와 패시파토트의 속력과 속도는 얼마일까?

성룡이 80일 동안 세계 일주를 했을 때 속력과 속도에는 어떤 차이가 있을까?

속력은 물체의 이동 거리를 걸린 시간으로 나누어 준 값이며, 속도는 변위를 걸린 시간으로 나누어 준 값이다. 만약 물체가 방향이 변하지 않고 움직인다면 속도의 크기는 속력과 같다. 속력은 빠르기

만을 나타내며 방향은 나타내지 않는다. 하지만 일상생활에서는 빠르기뿐만 아니라 방향도 알 필요가 있기 때문에 속도가 필요하다. 속도와 같이 크기와 방향 성분이 모두 존재하는 물리량을 벡터(vector)라고 한다. 힘이나 속도, 가속도와 같은 물리량이 여기에 해당한다. 벡터와 달리 크기만 존재하는 물리량은 스칼라(scalar)라고 한다. 질량의 경우 크기만 존재하고 방향이 없기 때문에 스칼라양이다. 스칼라의 경우에는 일반적인 연산법에 따라 계산하면 되지만, 벡터의 경우 벡터 연산법을 따라야 한다. 예를 들어 힘을 더할 때 그냥 더해주는 것이 아니라 평행사변형법과 같은 방법을 사용해야 한다. 포그 일행의 속력을 구하기 위해서는 이동 거리와 걸린 시간을 알아야 한다. 이동 거리는 지구 둘레가 약 4만 km이지만 포그 일행은 세계 도시를 경유했기 때문에 실제로는 이보다 더 먼 거리를 이동했을 것이다. 따라서 이동 거리를 5만 km라고 가정하면 $50,000\,km \div 1920\,h \fallingdotseq 26\,km/h$가 된다. 속도는 정확하게 알 수 있는데 얼마일까? 바로 0이다. 출발지와 도착점이 동일하기 때문에 80일간 고생해서 이동했더라도 변위가 0이기 때문에 속도는 0이다. 물론 포그 일행은 계속 움직이고 있었기 때문에 순간 속도는 0이 아니다.

속도($\vec{v}$)는 변위($\vec{s}$)를 시간(t)으로 나눈 값이다.

$$\vec{v} = \frac{\vec{s}}{t}$$

상어와 사람의 경주

〈딥블루시〉 연구소 '아쿠아티카'는 상어를 이용해 알츠하이머 치료제를 연구하는 곳이다. 연구가 성공될 무렵 유전자 조작된 상어가 너무 똑똑해진 나머지 연구소 밖으로 탈출하기 위해 사람을 공격하기 시작한다. 상어에게 연구소의 직원들이 한 명씩 공격 당하기 시작하자 남은 사람들은 연구소를 탈출하기 위해 궁리를 하고 있다. 올라가는 통로가 상어의 공격으로 막히자, 모험가인 러셀 회장(사무엘 L. 잭슨 분)은 헤

엄쳐서 올라갈 것을 주장한다. 애석하게도 이 주장은 실행에 옮겨 보지도 못하고 그는 상어에게 물려 죽게 된다. 연구소에서 수면까지는 230 m라고 한다. 사람이 상어에게 잡히지 않고 수면까지 올라가려면 사람이 상어보다 얼마나 빨리 출발을 해야 하겠는가?

이 문제는 단순하게 생각하면 아주 쉽게 답을 구할 수 있다. 시간은 거리를 속력으로 나누어 주면 구할 수 있다. 즉, 사

아무리 유전자를 조작해서 똑똑해진 상어라고 해도 진짜 상어와 비교해서 너무 빠르다. 이건 상어가 아니라 완전 어뢰 같다.

람의 경우에는 수면까지 383초(230÷0.6)가 걸리고, 상어의 경우 4.6초(230÷50) 밖에 걸리지 않는다. 따라서 사람이 상어보다 7분 정도 빨리 출발해야 잡히지 않고 탈출을 할 수 있다. 수영 선수의 경우 초당 2 m 정도 수영을 할 수 있고, 상어의 경우는 초당 10 m 정도까지 수영을 할 수 있다(따라서 실제에서는 93초 이상 상어보다 빨리 출발하면 상어에게 잡히지 않고 수면에 도달할 수 있다). 영화 속의 초당 50 m라는 것은 아무리 뇌가 커진 상어라도 너무 빠르게 설정된 것 같다. 보통 상어라면 연구소 직원은 목숨 걸고 수영 실력을 겨뤄 볼 수도 있을 것이다. 하지만 진짜 문제는 여기에 있지 않다. 상어에게 물려 죽지 않더라도 갑자기 깊은 물속에서 수면으로 올라오게 되면 다른 문제가 발생하게 된다. 물론 숨을 참고 하는 보통 잠수의 경우에는 이 정도 깊이가 되면 폐가 찌그러져서 수영을 할 수 없다. 세계 최고의 기록도 153 m를 넘지 못했다. 하지만 스쿠버 장비를 이용하면 잠수가 가능한데, 이때에도 주의해야 할 것이 있다. 올라올 때

급하게 올라와서 밖으로 나오면 안 된다는 것이다. 200 m 이상에서는 1주일 이상 감압실에서 감압을 한 후에 빠져나와야 한다. 또한 30 m 이상 200 m 이내의 깊은 바다에서는 압축 공기를 사용할 경우 여러 가지 문제를 발생시키기 때문에 헬리옥스라고 하는 헬륨과 산소의 혼합 기체를 사용한다. 또한 200 m 이상에서는 헬리옥스에 질소를 첨가한 삼합가스를 사용한다. 헬륨은 질소에 비해 용해도가 작아 혈액 속에 녹아드는 양이 작고 감압에 필요한 시간을 줄여주며, 혼수상태를 유발시키지도 않는다. 하지만, 열전도성이 커서 잠수부의 체온을 많이 뺏기 때문에 보온을 위해 열을 발생시키는 잠수복을 입어야만 한다. 급하게 올라오게 되면 상어를 피해 목숨을 건질지는 모르지만, 잠수병으로 고생할 수 있다. 물론 심하면 이 때문에 죽을 수도 있다.

빗방울 떨어지는 모습이 잘못된 것일까?

〈매트릭스 3〉 매트릭스 시리즈의 클라이맥스이자 대단원이 결정되는 장면으로 우리 영화 〈인정사정 볼 것 없다〉를 연상하게 한다. 네오(키아누 리브스 분)와 스미스(휴고 위빙 분)가 마지막 대결을 앞두고, 하늘에서는 비가 내린다. 또한 주변에는 스미스의 분신들이 마지막 대결을 지켜보고 있다. 몇 마디를 주고받은 뒤 두 사람(?)은

세 장면에서 비가 내리는 방향이 모두 다르다. 어떻게 같은 시간과 장소에서 비가 다른 방향으로 내릴 수 있을까?

서로를 향해 달려간다. 이때 하늘에서 떨어지는 빗줄기를 자세히 보라. 분명 같은 장소에 내리는 비인데 네오가 달려갈 때 빗줄기의 모습과 스미스가 달려갈 때 빗줄기의 모습이 다르다. 이것은 영화상의 옥의 티일까? 아니라면 왜 그럴까?

움직이는 물체를 관찰할 때 정지된 관측자와 운동하는 관측자에서 보면 물체의 움직임은 다르게 보인다. 즉, 고속도로에서 맞은 편 차선에서 달려오는 차는 더 빠르게 달려오는 것으로 보이지만, 옆 차선에서 달리고 있는 차는 실제 속도보다 느리게 달리는 것처럼 보인다. 이렇게 움직이는 관측자에서 본 물체의 속도를 상대 속도라고 한다. 상대 속도는 물체의 속도에서 관측자의 속도를 빼면 구할 수 있다. 이 영화의 경우에도 네오와 스미스가 제자리에 서 있을 때 빗방울이 수

〈스피드〉 시속 50마일 아래로 달리면 터지게 되어 있는 폭탄이 장착된 버스에서 환자를 내리기 위해서 버스와 같은 속도로 트럭이 달리고 있다. 같은 속도로 달리고 있기 때문에 버스에서 트럭을 보면 마치 정지한 듯이 보인다.

상대 속도는 물체의 속도에서 관측자의 속도를 뺀 것이다.

$$v_{AB} = v_B - v_A$$

직으로 떨어지는 것은 카메라가 정지해 있기 때문이며, 두 사람이 달릴 때는 카메라도 같이 이동하기 때문에 빗방울이 기울어져 보인다. 따라서 네오와 스미스 모두에게 빗방울은 기울어진 것으로 보인다. 움직이는 관찰자인 카메라에서 보면 움직이는 빗방울이 기울어지는 것처럼 보이는 것이다. 이때 네오나 스미스가 더 빨리 달리게 되면 빗방울은 더욱더 기울어져 보이게 된다. 빗방울의 기울기는 네오의 속도를 빗방울의 속도로 나눈 값이 된다. 비행기의 공중 급유나 우주선이 도킹할 때 속도를 0으로 하는 것이 아니라 상대 속도를 0으로 만들어야 작업이 가능하게 된다.

온몸의 뼈가 으스러져?

빠르게 날아가는 것만으로 비행기 안의 탑승자가 고통을 느끼지는 않는다. 비행기가 충분히 견뎌주기만 한다면 아무리 빨리 달려도 탑승자는 충격을 받지 않는다. 진짜 위험한 것은 얼마나 속도의 변화가 큰지가 문제이다.

〈아마겟돈〉 소행성 폭파의 임무를 띤 굴착 기사들에게 NASA의 비행 교관은 군인들과 같은 훈련을 시키고 있다. 훈련기를 엄청나게 빨리 몰아서 공포감을 조성하고 있는 것이다. 비행 교관은 '온몸의 뼈가 으스러지도록 빨리 달린다' 라는 설명을 하는데, 엄청나게 빨리 달리면 뼈가 으스러지는 고통을 받을까? 아니면 이렇게까지 빨리 날지 않아도 이러한 충격을 받을 수 있을까?

우린 흔히 속도와 가속도의 효과에 대해 잘못 생각하고 있는 경우가 많이 있다. 가속도란 단위 시간당 속도의 변화량을 말한다. 만약 속도가 0이라면 물체가 정지해 있다는 것을 의미하지만 가속도가 0이라는 것은 정지하거나 등속 운동을 하고 있을 수 있다. 등속도 운동을 하고 있는 비행기나 우주선 안의 사람들은 비행기나 우주선이 움직이고 있다는 사실을 전혀 느끼지 못한다. 그것은 그들에게 어떠한 힘도 작용하지 않기 때문이다. 즉, 아무리 빠른 비행기라도 가속을 하지 않은 상황에서는 조종사에게 아무런 영향을 주지 않는다.

비행기나 우주선의 비행에서 문제가 되는 것은 가속도이다. 가속이나 감속이 되기 위해서는 그 물체에 힘이 가해져야 한다. 힘이 가해지면 그 물체는 속도의 변화가 생기게 되고 그 물체 속에 만

가속도($\vec{a}$)는 시간에 따른 속도의 변화량($\Delta \vec{v}$)이다.

$$\vec{a} = \frac{\Delta \vec{v}}{\Delta t}$$

약 사람이 타고 있다면 힘을 느낄 수 있다. 비행기나 우주선 탑승자가 밖을 보지 않고도 움직이고 있다는 것을 느끼는 것은 바로 힘이 작용하기 때문이다. 이 영화에서 소행성에 착륙하기 위해 달을 끼고 돌면서 비행할 때 우주선 안의 우주인들이 엄청난 고통을 받는 장면이 있다. 하지만, 돌고 난 뒤 우주선은 엄청난 빠르기임에도 불구하고 우주인들은 별다른 고통을 느끼지 않았다. 즉, 온몸의 뼈가 으스러지는 것은 가속도에 의한 것이지 결코 속도에 의한 것이 아니다. 우주선이나 전투기를 설계할 때 조종사에게 중력가속도의 3배 이상이 가해지지 않도록 하는 것도 바로 이러한 이유 때문이다.

우주 공간으로 튕겨 나갈까?

〈아마겟돈〉 비행 훈련에 이어 우주 환경과 우주복 사용에 대한 설명을 하고 있다. 우주에 대한 설명을 하는 것인지, NASA의 우주복을 자랑하는 것인지 알 수 없을 정도로 쓸데없는 이야기를 많이 한다(이러한 장면들 때문에 마치 NASA 홍보물 같은 느낌이 든다). 영화를 보면 전체적으로 NASA에 대해 엄청나게 자랑을 하고 있다. NASA 홍보 영화 같은 꼴이다). 교관은 암스트롱이 달을 유

할리우드 영화답게 우주복이 멋있다. 하지만 실제 우주에서 활동은 부자유스럽고, 잘못하면 우주로 튕겨 나갈 위험도 있다. 이 때문에 우주에서는 생명선을 연결하고 작업을 해야 한다.

영했던 이야기를 하며 소행성에서 힘이 과하면 우주 공간으로 날아갈 수 있다고 설명한다. 왜 힘이 과하면 우주 공간으로 날아갈까?

영화 속에 실제 우주인이 달에서 활동하는 장면이 잠시 등장한다.

이 장면을 보면 달에서 움직이는 우주인의 모습은 어딘가 부자연스럽고 우스꽝스럽다. 달에서 걸음걸이가 이상한 것은 우주복의 영향도 있겠지만, 달의 중력이 지구의 1/6 밖에 되지 않기 때문이다. 걸음걸이는 단진자 운동으로 생각할 수 있는데 **단진자의 주기**는 진폭에 상관없이 중력가속도와 실의 길이에 따라 달라진다(진자의 등시성). 지구에서는 중력가속도 값이 거의 일정하기 때문에 주기가 실의 길이에 따라 달라진다. 따라서 다리가 긴 기린이 뛰는 모습을 슬로우모션으로 보는 것이다. 달과 같이 중력가속도가 작은 천체에서는 주기가 커지기 때문에 진자의 움직임이 느려질 수밖에 없다. 즉, 걸음걸이가 엉성해 진다는 이야기다. 영화에 나오는 소행성의 경우 크기가 달보다 훨씬 작기 때문에 중력가속도 또한 훨씬 작다고 생각할 수 있다. 소행성의 정확한 크기와 밀도를 알 수 없어 소행성의 중력가속도 값은 알 수 없지만, 대충 계산을 해보면 지구 중력가속도의 1/100정도 된다(이 값은 소행성이 크기와 밀도를 어떻게 추정하는가에 따라 달라진다). 이는 몸무게가 $80\,\mathrm{kgf}$ 인 사람이 소행성에 가면 $0.8\,\mathrm{kgf}$ 밖에 나가지 않는다는 이야기이다. 따라서 지구에서와 같이 힘을 줘서 점프를 하게 되면 소행성을 떠나게 될지도 모른다. 물론 몸무게가 달라진다고 질량도 변하는 것은 아니다.

> 단진자의 주기는 진폭에 상관없이 실의 길이에 따라 달라진다.
>
> $$T = 2\pi\sqrt{\frac{l}{g}}$$

우주로 날아간 공?

〈슈퍼맨 4〉 슈퍼맨이 어릴 적 지구의 아버지와 야구했던 시절을 생각하며 방망이로 야구공을 때렸더니 공이 우주로 날아가 버렸다. 역시 슈퍼맨은 슈퍼맨이다. 그렇다면 야구공이 지구를 떠나기 위해서 최소한 가져야 하는 속력은 얼마일까?

우주선이 지구로 다시 귀환할 때나 운석이 지구로 떨어질 때는 공기와의 마찰에 의해 상당히 높은 온도까지 올라가게 된다. 따라서 운석이 빛을 내며 타게 된다. 만약 우주에서 던진 공이 지구로 떨

슈퍼맨이 던진 야구공이 우주를 향해 날아가고 있다. 정말로 이렇게 빨리 던진다면 공은 타버렸을 것이다.

어진다면 모두 타버리고 남는 것도 없을 것이다. 영화에서 우주선이 발사되는 장면을 보면 우주로 나갈 때 우주선이 가열되는 것을 볼 수 없지만 지구로 귀환할 때는 달아오르는 것을 볼 수 있다. 지구에서 우주로 가는 우주선의 경우에는 밀도가 높은 곳에서 낮은 곳으로 가면서 속력이 증가하기 때문에 공기와의 마찰에 의해 온도가 적게 올라간다. 하지만 우주에서 지구로 들어올 때는 밀도가 더 높은 곳으로 들어오면서 속력이 증가하기 때문에 귀환할 때 우주선의 온도가 더 고온이다. 따라서 슈퍼맨이 던진 공은 공기의 밀도가 높은 곳에서 낮은 곳으로 날아가기에 온도가 작게 올라갈 것이라고 생각하기 쉽다. 하지만 야구공의 경우 우주선과 달리 별도의 추진력 없이 슈퍼맨이 처음 던질 때부터 대단히 빠른 속력으로 던졌기에 공기와의 마찰로 탈 수 있는 온도가 된다.

어떤 물체가 천체의 표면에서 탈출할 수 있는 최소한의 속도를 **탈출 속도**(escape velocity)라고 한다. 지구의 경우 지표면 가까이에서 지면에 평행으로 매초 8 km의 속도(제1 우주 속도)를 주면, 로켓은 지구 주위를 원궤도로 회전하는 인공위성이 된다. 이때 지구 주위를 돌고 있는 인공위성은 계속 자유 낙하하고 있는 상태라고 물

리학자들은 말한다. 하늘 위에 떠 있는 인공위성이 계속 자유 낙하를 하고 있다니 말도 안 된다고 생각할지도 모른다. 하지만 인공위성은 자유 낙하를 하면서 지구 주위를 회전하는데 지구의 곡률만큼 자유 낙하하기 때문에 인공위성은 항상 같은 고도를 유지하며 지구 주위를 돌 수 있는 것이다. 슈퍼맨이 공을 우주로 친 것이 아니라 매초 8 km의 속력으로 지평선을 향해 던진다면 공이 자유 낙하에 의해 아래쪽으로 이동한 거리와 지구 곡률에 의해 아래쪽으로 굽어 있는 거리가 같기 때문에 지구 주위를 한 바퀴 돌게 된다(물론 공기와의 마찰이 없어야 하며, 공이 중간에 타버리지 않는다고 가정할 경우에 가능하다). 또한 로켓이 제1 우주 속도의 1.41배인 11.2 km/s(제2 우주 속도)로 운동한다면 궤도는 포물선이 되어 로켓은 지구로 돌아오지 않는다. 이 11.2 km의 초속이 지구의 탈출 속도이다. 따라서 이 야구공은 적어도 초속 11.2 km 이상이 되어야 한다. 이것은 총알보다 무려 10배나 빠른 속력이다.

터미네이터의 오토바이는 날 수 있나?

어린 코너가 T1000에게 쫓기자 그를 구하기 위해 비록 구형이지만 친근한(?) T101이 오토바이를 타고 수로로 뛰어내리고 있다.

〈터미네이터 2〉 T101(아놀드 슈왈제네거 분)은 미래에 지도자가 될 어린 코너를 보호하기 위해서 현재로 왔다. 신형 터미네이터인 T1000(로버트 패트릭 분)의 추적을 받고 있는 어린 코너를 구하기 위해 그는 길 위에서 수로쪽으로 오토바이를 타고 점프를 한다. 육중한 근육질인 터미네이터를 태우고 높은 곳에서 떨어져도 잘 달리는 오토바이가 대견스럽기도 하다. 이때 그의 오토바이의 속력을 20 m/s로 가정하고, 수로의 높이가 5 m였다고 하였을 때 바닥에 떨어지는데 걸린 시간은 얼마일까?

이 장면에서와 같이 수평으로 던진(또는 날아간) 물체의 운동을 분석할 때는 수평 방향과 수직 방향으로 나누어 생각하는 것이 좋다. 물체는 수평 방향으로 등속도 운동을 하고 수직 방향으로 자유 낙하 운동을 한다. 지면으로 떨어지는 시간을 구할 때는 수평 방향으로 얼마나 빨리 달렸는지는 고려하지 않아도 된다. 수평 운동은 수직 운동에 영향을 주지 않기 때문이다. 따라서 이 경우 자유 낙하 운동으로 간주(공기와의 저항을 무시한다면)하고 문제를 풀면 된다.

> 자유 낙하를 하는 물체의 낙하 거리는 시간의 제곱에 비례한다.
>
> $$h = \frac{1}{2}gt^2$$
>
> $$t = \sqrt{\frac{2h}{g}} = \sqrt{\frac{2 \times 4.5}{9.8}} = 1\,\text{초}$$
>
> 포물선 운동에서 중력은 수평 방향 속력 성분에 아무런 영향을 주지 않는다.
>
> $$s = v_0 t$$
> $$= 20 \times 1 = 20\,\text{m}$$

물리에 조금의 감각이 있다면 이 식에 질량을 나타내는 부분이 없다는 것을 확인했을 것이다. 이는 질량이 큰 물체에는 더 큰 중력이 작용하지만 이에 비례해서 질량이 증가하기 때문에 결국 가속도 값은 동일하기 때문이다. 따라서 터미네이터의 질량이 얼마든지 상관없이 5 m 높이에서는 1초 만에 지면에 도달하게 된다는 것이다. 또한 오토바이를 타고 빠른 속력으로 떨어지든 그냥 떨어지든 그것도 상관없다(물론 터미네이터의 오토바이가 인공위성의 속력에 필적할 만큼 빠르다면 그때는 결과가 달라진다. 수평 방향의 속력이 낙하 시간에 영향을 주지 않는 것은 지면이 편평하다고 가정한 것으로 지구의 곡률이 고려되어야 할 만큼 빠른 물체에는 이러한 가정이 성립하지 않는다). 오로지 아래쪽의 처음 속도가 있는지에 따라서 달라질 뿐이다. 그렇다면 얼마나 멀리 날아가서 떨어질까? 수평 방향의 속력에 낙하 시간을 곱하면 얼마나 멀리 가서 착지할 수 있을지 알 수 있다. 여기서는 1초 후 지면에 도착하기 때문에 1초 동안 20m 이동한 거리만큼 떨어져서 낙하하게 된다. 너무 멀리 날아간다고 생각할지 모르겠지만, 공기의 저항과 같은 요소를 무시한다면 가능한 이야기이다. 하지만 이와는 달리 〈트루라이즈〉에서 건물에서는 풀장으로 건너뛰는 악당의 경우 오토바이가 충분하게 가속될 공간이 없기 때문에 맞은편 건물까지 건너가기 어렵다. 영화 속에서도 장면을 자세히 본다면 이어지는 장면이 아니라는 것을 눈치 챌 수 있을 것이다.

〈트루라이즈〉 해리가 말을 타고 추격해 오자 아지즈는 오토바이를 타고 건물을 건너 도망간다.

포탄의 운동은 어떻게 될까?

대포알의 날아가는 궤적이 바로 포물선이다.

〈사하라〉 이 영화는 남북 전쟁 도중 사라진 보물을 찾아 모험을 하는 사람들의 이야기이다. 첫 장면에서 남북 전쟁 당시 최초로 만들어진 철갑선의 전투 장면이 등장한다. 이 장면에서 포탄이 날아가는 것이 실감나게 잘 묘사되고 있다. 그렇다면 포탄은 어떠한 궤적을 그리며 운동하고 있을까? 그리고 포탄에는 어떤 힘이 작용하고 있을까?

대포에서 발사된 포탄은 공기와의 마찰을 고려하지 않는다면 중력만 작용한다. 만약 중력이 작용하지 않는다면 포탄은 등속직선 운동을 하여 지구를 빠져나가 버릴 것이다. 흔히 포탄에는 '날아가는 힘'이 존재한다고 생각하는 사람들이 있는데, 그러한 힘은 존재하지 않는다. 포탄의 경우 중력이 작용하기 때문에 등속직선 운동을 하는 것이 아니라 포물선 운동을 하게 된다. 수평 방향의 속도 성분이 0 이 아닌 물체가 자유 낙하 운동을 할 때 나타나는 물체의 궤적이 바로 포물선이다. 즉, 포물선 운동은 비스듬하게 던진 물체의 자유 낙하 운동이라고 보면 된다. 따라서 포물체는 수평 방향의 속도 성분과 수직 방향의 속도 성분으로 구분하여 생각하는 것이 편리하다. 포신을 떠난 포탄에 작용하는 수평 방향의 힘이 없기 때문에 수평 방향의 가속도는 0이다. 수직 방향의 경우 가속도는 중력가속도와 같다. 이와 같이 두 성분을 분리하여 운동을 고려해도 상관이 없는 것은 두 운동이 독립적이기 때문이다. 즉, 수평으로 던지나 그냥 떨

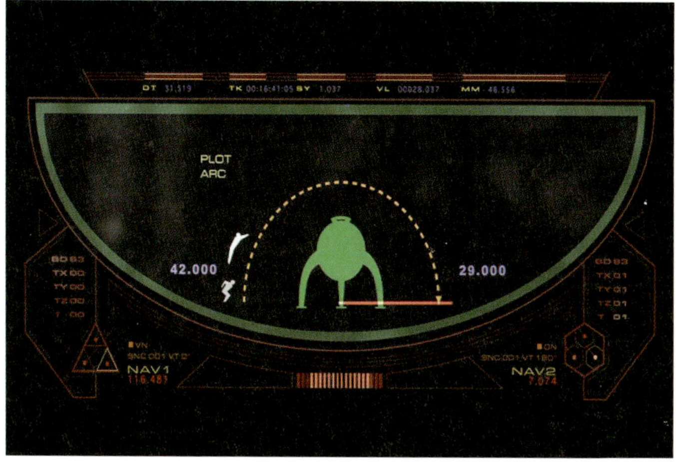

〈인크레더블〉 전투로봇이 인크레더블의 궤도를 계산하여 그를 잡을 수는 있다. 인크레더블의 착지점은 그의 처음 속도에 의해 결정되기 때문이다. 하지만 인터레더블의 운동은 원궤도가 아니라 포물선 궤도라야 한다. 원운동을 하기 위해서는 운동 방향에 수직으로 힘이 작용해야 하는데, 중력은 운동 방향과는 관계없이 항상 지구 중심으로 작용하기 때문에 인크레더블은 원운동을 하지 못한다.

어뜨리나 두 물체는 지면에 동시에 떨어진다. 이는 수평 방향의 운동이 수직 방향의 운동에 전혀 영향을 주지 못하기 때문이다. 〈인크레더블〉에서는 인공지능을 갖춘 전투로봇이 점프를 한 인크레더블의 궤도를 계산해서 그를 공중에서 잡아 버린다. 이때 로봇이 인크레더블의 궤도를 계산하는 것을 보면 포물선 궤도가 아니라 거의 원궤도를 그리고 있는데, 이는 잘못된 것이다. 인크레더블이 공중으로 점프를 하게 되면 오로지 중력에 의해 운동하기 때문에 원운동이 아니라 포물선 운동을 하게 된다. 원운동을 하기 위해서는 구심력이 작용해야 하는데 이 장면에서 구심력이 작용하고 있지는 않기 때문이다.

달에서 물체를 떨어뜨리면?

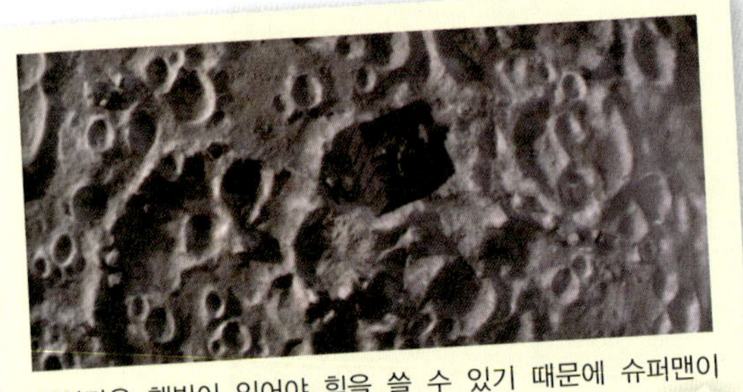

핵인간은 햇빛이 있어야 힘을 쓸 수 있기 때문에 슈퍼맨이 그를 엘리베이터에 가둔 후 달에 떨어뜨린다.

〈슈퍼맨 4〉 슈퍼맨은 핵인간을 저지하기 위해 그를 빛이 들지 않는 엘리베이터에 가둔 후 달에 떨어뜨린다. 만약 핵인간이 없는 빈 엘리베이터라면 떨어지는 시간은 어떻게 될까?

달의 중력가속도는 지구의 중력가속도 값의 약 1/6이다. 따라서 시간에 따른 속도의 증가량은 지구의 1/6 밖에 되지 않는다. 따라서 같은 거리를 낙하하는 데도 더 많은 시간이 걸리게 된다. 그렇다면 달에서 엘리베이터를 떨어뜨릴 때와 깃털을 떨어뜨릴 때는 어떤 차이가 있을까? 이때는 아무런 차이가 없다. 우리가 흔히 지구에서 깃털과 벽돌을 떨어뜨리면 벽돌이 먼저 떨어지는 것에서 무거운 것이 먼저 떨어진다고 생각하는 사람들이 많지만 이는 깃털이 공기의 저항에 의한 효과가 더 크게 나타나기 때문에 생기는 차이다. 즉, 달과 같이 대기가 없는 곳에서는 공기의 저항이 없기 때문에 깃털과 벽돌은 같은 속력으로 떨어지게 된다. 분명 깃털보다 벽돌에 작용하는 중력이 더 크다. 하지만 벽돌이 깃털보다 질량이 더 크기 때문에 결국 가속도(중력가속도)는 같아지게 된다. 따라서 엘리베이터 안에 핵인간이 있거나 말거나 떨어지는 데 걸리는 시간은 같다. 물론 지구에서 보다는 낙하 시간이 길어진다.

중력가속도는 중력을 질량으로 나누어 준 값으로 질량과 무게가 비례하기 때문에 질량에 상관없이 일정한 값을 가진다.

$$g = \frac{F}{m}$$

02
힘과 운동의 법칙

버즈는 얼마나 힘든 것일까?

버즈가 우디를 구하기 위해 친구들과 함께 힘들게 벽을 기어 올라가고 있다.

〈토이스토리 2〉 사람들이 잠들거나 보지 못하는 장소에서 장난감들은 자신들의 세상을 맞이한다. 어느 날 카우보이 인형 우디가 다른 곳으로 팔려가고, 우디를 구하기 위해 우주인 인형 버즈와 그의 친구들이 출동한다. 우디가 있는 장난감 가게에 도착한 버즈 일행은 엘리베이터 통로를 수직으로 기어 올라간다. 이때 버즈가 혼자일 때는 쉽게 올라갔지만 다른 동료들까지 줄에 매달리자 매우 힘들어 한다. 그렇다면 버즈에게 작용한 힘의 크기가 어느 정도인지 어떻게 나타낼 수 있을까?

　물리학은 물체와 물체의 상호작용을 다루는 학문이다. 물체들은 서로 밀기도 하며 끌어당기기도 한다. 이때 물체를 끌어당기거나 밀기 위해서는 힘이 작용해야 한다. 힘은 물리학에서 가장 기본이 되는 것으로 조금 과장해서 이야기한다면 힘을 알기 위해서 물리학을 공부한다고 말해도 될 정도이다. 물리학에서 힘이 그렇게 중요하다면 당연히 힘을 측정하는 방법이 있어야 한다. 버즈가 혼자 올라갈 때보다 많은 동료들을 매달고 올라갈 때 더 많은 힘이 들어간다는 것은 알 수 있지만 얼마나 더 많은 힘이 들어갔는지는 알 수 없다. 만약 힘을 측정할 방법이 없다면 힘은 물리적 연구 대상이 되지 못할 것이다. 힘을 측정하는 방법 중 가장 고전적이고 보편적인 방법은 용수철과 같은 탄성체를 이용한 방법이다. 〈영웅〉에서 황군의 궁수들은 활을 누워서 발로 당겨 쏜다. 이렇게 활을 쏘는 것은 일반적으로 활을 쏘는 것보다 활시위를 더 멀리 당길 수 있기 때문이다. 이렇게 활시위를 더 멀리 잡아당기기 위해서는 더 큰 힘이 작용해야 하며, 더 큰 힘이 작용했을 때 화살이 더 멀리 날아간다. 따라서 활에 작용한 힘의 크기는 늘어난 활시위의 길이를 보면 알 수 있다. 즉, 작용한 힘의 크기는 활시위가 많이 늘어날수록 더 큰 힘이 작용했다는 것을 알 수 있게 된다. 이와 같이 작용한 힘의 크기에 비례해서 늘어나는 고무줄이나 용수철과 같은 탄성체를 이용하면 힘의 크기를 측정할 수 있다. 용수철의 경우 추를 한 개 매달 때보다 두 개를 매달면 늘어난 길이는 두 배가 된다. 용수철저울은 바로 용수철이 힘의 크기에 비례해서 늘어나는 성질을 이용한 것이다. 용수철저울로 측정한 힘의 크기는 N(뉴턴)으로 표시하며, kgf(킬로그램힘)이라는 단위를 사용하기도 한다. 1kgf은 9.8N의 힘과 같은 크기의 힘으로 1kg의 물체에 작용하는 중력의 크

힘과 가속도의 법칙
가속도는 질량에 반비례하고 작용한 힘에 비례한다.

$$a = \frac{F}{m}$$

기를 나타낸다. 미국에서는 무게의 단위로 파운드(lb)를 사용하는데, 1kgf은 2.2 lb와 같은 크기의 무게이다. 물체에 힘이 작용하면 용수철을 늘이는 것과 같이 물체의 모양을 변형시키기도 하지만 운동 상태를 변화시키기도 한다. 즉, 물체에 힘을 가하면 물체 속도의 변화인 가속도가 생긴다. 1N의 힘은 1kg의 물체에 $1m/s^2$의 가속도를 내게 하는 힘이다.

잭이 절벽 아래로 떨어진 이유

식인종들로부터 탈출하기 위해 절벽을 향해 건너뛴 잭은 건너편으로 힘들게 건너가지만 그만 다시 절벽 아래로 떨어져 버린다. 3편에서는 저승에서도 살아올 정도로 운이 좋기 때문에 잭은 높은 절벽에서 떨어져도 살아남는다. 그 비결은 무엇일까?

〈캐리비안의 해적 : 망자의 함〉 잭 스패로우 일행은 식인종이 살고 있는 섬에 조난을 당한다. 잭(조니 뎁 분)은 식인종들에게 가장 먼저 잡아먹힐 위기에 처했고, 나머지 선원들은 절벽 사이에 매달려 있다. 절벽 사이에 매달린 선원들이 탈출하자 잭을 구워 먹으려던 식인종들은 선원들을 잡으러 간다. 이때를 틈타 등에 작대기가 끼워진 채로 도망가던 잭은 식인종이 던진 과일을 작대기로 끼는 묘기를 보여 준다. 그리고 벼랑을 건너뛰어 탈출에 성공한 듯 보였다. 하지만 건너편 절벽에 착지한 그는 과일이 흘러내리는 바람에 절벽 아래로 떨어지고 만다. 과일이 몸 중심쪽에 있다가 아래로 흘러내리면 왜 뒤로 떨어지게 될까?

〈헐크〉에서 헐크가 탱크에 힘을 가하는 방향에 따라서 탱크는 다르게 움직인다. 〈토이스토리 2〉에서 버즈는 자동차를 운전하는데,

〈토이스토리 2〉 조그만 인형인 버즈가 자동차의 핸들을 돌리기 위해서 한쪽 끝에 매달려 잡아당기고 있다.

덩치가 작기 때문에 핸들에 매달려 핸들을 돌린다. 좌회전을 하기 위해 핸들의 왼쪽에 매달려 열심히 핸들을 잡아당기자 차가 왼쪽으로 움직이는데, 만약 핸들의 오른쪽에 매달렸다면 차는 오른쪽으로 움직였을 것이다. 이와 같이 같은 크기의 힘이 작용했다고 해서 힘의 효과가 항상 같게 나타나지는 않는다. 힘이 작용한 방향이나 위치에 따라서 힘의 효과는 달라지는 것이다. 따라서 힘은 크기뿐만 아니라 방향과 작용점도 함께 표시해야 그 효과를 정확하게 알 수 있으며, 이것을 힘의 3요소라 한다. 힘은 화살표로 표시하는데, 화살표의 길이는 힘의 크기, 화살표의 방향은 힘의 방향을 나타내며, 화살표의 시작점은 힘의 작용점을 나타낸다. 〈매트릭스〉에서 네오는 모피어스와 대련 중에 가슴을 맞고 다리가 들리면서 뒤로 날아가 넘어지는 장면이 있다. 이때 사람의 무게 중심은 배꼽 근처에 있기 때문에 배꼽보다 위쪽에 힘을 가하면 뒤로 벌렁 넘어져야지 다리가 들려서는 안 된다. 따라서 이 장면은 힘의 효과를 잘못 처리한 장면이라 할 수 있다. 〈형사 가제트〉에서 가제트는 아이들을 구할 시간을 벌기 위해 강아지를 위로 던진다. 그리고 아이들을 구하고 난 뒤 다시 강아지를 받아서 사람들에게 박수를 받는다. 강아지를 위로 던졌을 때 강아지에게 작용하고 있는 힘은 무엇일까? 강아지가 위로 움직이고 있기 때문에 손에서 작용하고 있는 힘이 남아있다고 생각하면 잘못이다. 강아지에게 작용하고 있는 힘은 중력밖에 없으며 힘의 방향은 아래쪽이다. 〈라이터를 켜라〉를 보면 기차가 철로 끝에서 급정거하여 겨우 충돌을 피하는 장면이 있다. 이때 기차에 작용하는 힘은 마찰력으로 기차의 운동 방향과 반대 방향으로 작용하고 있다. 따라서 기차의 속력은 점점 줄어들어 결국에는 정지하게 된다. 이렇게 힘의 작용 방향은 운동 방향과 일치할 수도 있고 그렇지 않을 수도 있다. 〈트루라이즈〉에서는 끊어진 다리 끝에 가까스로 멈춘 트럭 앞에 갈매기가 앉는 바람에 차가 강으로 추락하는 장면이 등장한다. 이것도 비록 가벼운 갈매기에 의한 작은 힘도 힘의 작용점에 따라서 그 효과는 다르게 나타나는 것이다. 잭의 경우도 마찬가지로 과일이 잭의 몸 쪽에 있었을 때에는 잭이 과일 무게를 견딜 수 있었지만 과일이 뒤로 쏠리면서 힘의 작용점이 달라져 절벽으로 떨어지게 되는 것이다. 핸들을 돌리는 것, 트럭 끝에 갈매기가 앉아서 트럭을 앞으로 기울게 하는 것, 잭의 몸이 펴졌다가 뒤로 젖혀지는 것 모두 중심축을 중심으로 일어나는 회전 운동이라고 볼 수 있다. 이렇게 회전 운동을 일으키는 힘을 돌림힘(Torque)이라고 한다.

용비호와 에바의 힘자랑

〈신세기 에반게리온〉 에반게리온은 거대한 로봇이다. 이 로봇을 조종하는 것은 신지라고 하는 어린 소년이다. 어느 날 용비호라는 로봇이 실험 과정에서 고장으로 실험장을 뛰쳐나가는 사고가 발생한다. 이 때 에반게리온이 출동하지만 달아나는 용비호를 정지시키기 위해서는 용비호 속으로 직접 누군가 들어가야 한다. 미친 듯이 날뛰는 로봇 안으로 용감하게 들어가려는 사람은 미사 대위. 신지는 에반게리온을 타고 용비호에 미사 대위가 탑승할 수 있도록 뒤에서 용비호를 잡아당긴다. 결국 용비호는 더 이상 앞으로 나가지 못하게 된다. 이때 용비호와 에반게리온이 작용한 힘의 합력은 어떻게 되는가?

시험 가동 중 고장 나서 미친 듯이 달려가는 용비호를 에바가 뒤에서 잡아당겨 잠시 멈추게 하고 있다.

〈몬테크리스토〉에서 억울하게 샤또디프 형무소에 수감되어 있던 에드몽은 죽은 동료의 시체 자루에 대신 들어가 탈출을 시도한다. 형무소의 관리들은 자루 속에 시체가 든 줄 알고 메고 가는데, 두 사람이 들고 가면서도 시체가 생각보다 무겁다는 이야기를 한다. 따라서 혼자 들고 간다면 무거워서 들고 가지 못했을지도 모른다. 〈툼레이더〉에서 거대한 돌문을 열기 위해 돌을 밧줄에 묶고 많은 사람들이 잡아당긴다. 이와같이 혼자서 드는 것 보다 여러 명이서 힘을 가하면 힘이 적게 들거나, 혼자서 할 수 없는 일도 할 수 있다. 이는 여러 사람의 힘이 합해져서 하나의 큰 힘이 작용한 것과 같은 효과를 내기 때문이다. 이렇게 한 물체에 둘 이상의 힘이 가해졌을 때 이것을 모두 합한 하나의 힘을 합력(ΣF)이라고 한다.

같은 방향으로 작용하는 힘의 합력은 그 둘의 힘을 더한 후 방향은 원래 힘의 방향으로 표시하면 되고, 반대 방향의 경우 두 힘을 뺀 후 더 큰 힘의 방향으로 힘을 정하면 된다.

〈툼레이더〉 라라가 탄성력이 있는 줄에 매달려 운동(?)을 하고 있다.

〈툼레이더〉에서 라라(안젤리나 졸리 분)는 자신의 몸에 탄력이 있는 줄을 묶고 매달려서 운동을 하고 있다. 이때 줄은 몸의 바로 위에 묶여 있는 것이 아니라 서로 다른 방향으로 묶여서 라라를 끌어당기고 있다. 이렇게 나란하지 않는 힘에 의한 합력은 평행사변형법으로 구할 수 있다. 즉, 나란하지 않는 두 힘을 두 변으로 하여 평행사변형을 그리면 대각선의 길이가 힘의 크기가 되고, 대각선의 방향이 합력의 방향이 된다.

용비호가 앞으로 전진하려는 힘과 에반게리온이 뒤쪽으로 당기는 힘의 크기가 서로 같고 방향이 반대이기 때문에 합력이 0이 되어 멈춰 있게 된다. 이와 같이 한 물체에 여러 힘이 작용했지만 물체가 움직이지 않을 때 그 물체에 작용한 힘들은 서로 평형을 이루고 있다고 한다. 〈스파이더맨〉에서 스파이더맨은 고블린이 떨어트린 케이블카를 잡고 있다. 이때 케이블카가 정지해 있는 것으로 봐서 힘의 평형 상태에 있다는 것을 알 수 있다. 스파이더맨이 케이블카를 당기는 힘과 중력이 서로 반대 방향으로 같은 크기로 작용하고 있기 때문에 이렇게 정지해 있을 수 있는 것이다. 이와 같이 두 힘이 평형을 이루기 위해서는 일직선상에서 같은 크기의 힘이 서로 반대 방향으로 작용해야 하며, 작용점도 같아야 한다. 〈센과 치히로

〈스파이더맨〉 역시 스파이더맨은 힘이 세다. 한 손으로 케이블카를 잡고 매달려 있다.

⟨센과 치히로의 행방불명⟩ 귀여운 검댕들이 센의 신발을 들고 가고 있다. 이때 검댕들의 힘과 같은 효과를 나타내는 하나의 힘을 합력이라고 한다.

⟨토이스토리 2⟩ 외계인 인형들이 차 창 밖으로 떨어지려는 것을 감자 아저씨 인형이 잡고 있다.

의 행방불명⟩에서 마법에 걸린 검댕들이 센의 신발을 들고 오는 장면에서 검댕들의 힘의 합력은 위쪽 방향이며 신발의 무게와 평형을 이루고 있다. ⟨토이스토리 2⟩에서 자동차에서 떨어지려고 하는 외계인 인형을 감자 아저씨가 줄을 잡고 있다. 이때 줄을 잡아당기는 힘이 공기의 저항력과 중력의 합력과 서로 평형을 이루고 있다. 즉, 세 힘의 평형은 두 힘의 합력이 나머지 한 힘과 크기가 같고 방향이 반대면 평형을 이루게 된다.

로빈은 힘 센 놈이다

역시 영웅들은 뭐가 달라도 다르다. 로빈은 날아가는 로켓을 기어오르고 있으니 그는 엄청난 힘의 소유자일 것이다.

⟨배트맨 4⟩ 프리즈(아놀드 슈왈제네거 분)는 다이아몬드를 탈취해서 로켓을 타고 달아난다. 헬리콥터도 아니고 로켓이라는 설정이 역시 원작이 만화다운 영화라는 생각이 든다. 배트맨(조지클루니 분)은 로켓 안에서 프리즈에게 잡혀있고 뒤쫓아 온 로빈(크리스 오도넬 분)은 로켓 밖에 매달려 로켓을 기어오르고 있다. 만약 로켓이 중력

가속도의 3배로 가속되고 있다 가정하고, 로빈의 몸무게가 70 kgf이라면, 로빈의 팔은 어느 정도의 몸무게를 지탱해야 할까?

　철봉에 오래 매달리기를 해 보면 자신의 몸무게가 어느 정도인가와 함께 중력의 크기를 실감할 수 있다. 이와 같이 우리가 오래 매달릴 수 없는 이유는 중력이 우리 몸을 아래로 당기고 있기 때문이다. 로켓 표면에 붙어서 연직 방향으로 올라가기 위해서는 중력을 이기고 올라가야 한다. 물론 로켓이 일정한 속력으로 올라간다면 로빈은 팔에 몸무게만큼의 힘만 주면 올라갈 수 있다(합력이 0이기 때문). 하지만, 로켓이 가속되고 있는 경우라면 이야기는 달라진다. 가속되고 있는 정도에 따라서 로빈의 팔은 더욱더 큰 힘으로 당겨야 올라갈 수 있다. 만약 로켓이 중력가속도의 3배인 $3\,g$의 가속도로 올라가고 있다면, 로빈은 자신 몸무게의 4배의 힘으로 당겨야 올라갈 수 있다(로빈 팔에 걸리는 장력은 $T = mg + 3\,mg = 4\,mg$이다). 따라서 로빈은 280 kgf의 힘을 견뎌내야 한다.

스파이더맨은 탄성맨

〈스파이더맨 2〉 방사선을 쪼인 돌연변이 거미에게 물려 거미의 능력을 가지게 된 평범한 학생 피터 파커(토비 맥과이어 분). 그는 거미와 같이 벽을 기어오르고 손목에서 거미줄을 뿜을 수 있게 된다. 스파이더맨이 악당을 추격하기 위해 거미줄을 쇠 봉에 연결한 후 뒤로 점점 물러

스파이더맨이 멀리까지 날아가려고 거미줄을 잡은 채로 뒤로 계속 물러서고 있다.

서고 있는데 이렇게 하는 이유는 무엇일까?

스파이더맨의 상징은 거미 문양이 들어있는 쭉쭉 늘어나는 쫄쫄이다. 그리고 스파이더맨의 유일한 무기(?)인 거미줄의 특징도 튼튼하고 잘 늘어난다는 것이다. 이렇게 보면 스파이더맨이 사용하는 힘의 원천은 탄성력에 있다고 할 수 있을 것이다. 물론 탄성력에 있어서는

〈원피스〉 '악마의 열매'를 먹고 고무 인간이 된 루피.

애니메이션 〈원피스〉에 등장하는 루피나 〈플러버〉의 푸르죽죽한 플러버가 한 수 위 일지도 모른다. 루피는 '악마의 열매'를 먹는 바람에 고무 인간이 되어 마음대로 몸이 늘어났다 줄어들었다 하는 탄성체가 되어 버린다. 루피는 몸을 자유자재로 늘일 수 있고 모양을 변하게 할 수 있는 능력이 있다. 루피가 멀리 떨어진 적을 향해 주먹을 쭉 뻗자 늘어난 팔이 적을 한방에 날려 버린다. 이렇게 늘어난 주먹은 다시 쏙 줄어들어 원래의 모습으로 돌아온다. 이렇게 힘에 의해 모양이 변형되었다가 원래대로 돌아오는 물체를 탄성체라고 한다. 탄성체에 힘을 가하면 원래대로 돌아가려는 힘이 작용하게 되는데 이것이 탄성력이다. 탄성력은 탄성 한계 내에서는 늘어난 길이에 비례하는데, 이를 **훅의 법칙**이라고 한다. 탄성력의 방향은 변형된 길이의 반대 방향으로 작용한다. 즉, 용수철을 잡아당기면 줄어들려는 방향으로, 누르면 늘어나려는 방향으로 탄성력이 작용하게 된다. 스파이더맨이 뒤로 점점 물러서는 것은 변형 길이를 증가시켜

> **훅의 법칙**
> 탄성력은 물체의 변형된 길이에 비례한다.
> $$F = -kx$$

탄성력을 크게 하기 위한 것이다. 루피의 놀라운 점은 일반 탄성체와 달리 탄성 한계가 없다는 것이다. 그는 아무리 늘어나도 원래대로 형체가 복원되기 때문에 만화 상에서 탄성 한계를 확인할 수는 없다. 하지만 현실에 존재하는 물체는 탄성 한계가 있기 때문에 무한정 늘어나게 할 수는 없다. 즉, 볼펜 속에 들어있는 스프링을 너무 많이 잡아당기면 늘어난 스프링은 원래의 상태로 돌아가지 않는다. 이것이 바로 탄성 한계를 벗어난 것이다. 훅의 법칙은 탄성 한계 내에서만 성립하며, 탄성 한계를 벗어나면 탄성력은 더 이상 늘어난 길이에 비례하지 않는다.

어떻게 하면 달리는 기차를 멈출 수 있을까?

300원짜리 1회용 라이터가 사람을 어떻게 바꿀 수 있는지를 보여주는 영화. 마지막에 브레이크를 잡자 기차 바퀴와 철로 사이에 불꽃이 튄다.

〈라이터를 켜라〉 300원짜리 1회용 라이터를 찾기 위한 한 사나이의 집념이 코믹(?)하게 그려진다. 서울에서 출발한 기차는 폭력배들과 국회의원의 갈등 때문에 폭력배들이 기차를 점거하기에 이른다. 결국 기차는 종착역을 지나 철로 끝에 다다르게 되고, 운 좋게 폭력배들을 제압한 봉구(김승우 분)는 기차 브레이크를 잡아서 겨우 멈추게 만든다. 그렇다면 기차가 멈추기 힘든 이유는 무엇일까?

〈스피드〉에서 브레이크가 고장 난 지하철이 선로를 이탈하여 땅 속에서 지상으로 올라온다. 이때 지하철은 계속 움직이는 것이 아니라 도로와의 마찰 때문에 잠시 뒤에 멈춘다. 이와 같이 접촉한 두 물체 사이에서 물체의 운동을 방해하는 힘을 마찰력이라고 한다. 마찰력이 물체의 운동을 방해한다고 해서 무조건 마찰력이 작을수록 좋은 것은 아니다. 자동차가 갑자기 멈춰야 할 때는 당연히 마찰력이 커야 할 것이다. F1 경주에 사용하는 타이어는 바퀴와 지면 사이에 마찰력이 최대

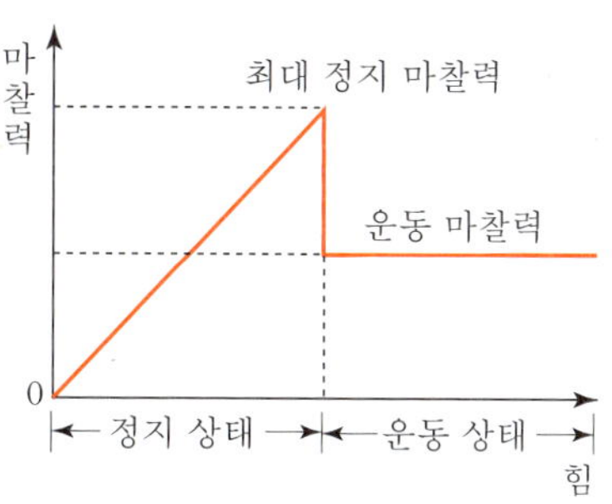

정지한 물체에는 최대 정지 마찰력보다 큰 힘을 작용해야 움직인다.

한 크게 작용할 수 있도록 만들어져 있다. 〈형사 가제트〉에서 가제트가 탄 자동차는 앞서가는 스콜렉스의 자동차에서 뿌린 기름 때문에 미끄러져 뒤집어지고 만다. 또한 〈소림 축구〉에서 길 위에 떨어진 바나나 껍질에 미끄러져 뒤로 벌렁 넘어지는 장면처럼 마찰력이 작아서 불편을 당하는 경우도 있다. 빨간 고무가 붙어 있는 면장갑이나 울퉁불퉁한 축구화의 바닥, 손가락에 있는 지문은 마찰력을 크게 하기 위한 것이다. 〈트리플 X〉에서 가장 인상적인 것은 스노보드를 타고 산꼭대기에서 빠르게 미끄러져 내려오는 장면일 것이다. 스노보드는 눈과 발 사이의 마찰력을 줄이기 위한 장비이다. 이처럼 스노보드나 스키를 타고 달릴 때는 마찰력이 작아야 좋다. 또 문을 여닫거나 기계의 회전 부위 또한 마찰력이 작아야 좋다.

나무토막을 나무판 위에서 당기는 것보다 사포 위에서 당기는 것이 더 큰 힘이 든다. 접촉면이 거칠수록 마찰력이 커

〈트리플 X〉 스노보드를 타고 산 정상에서 내려올 수 있는 것은 위치 에너지가 운동 에너지로 바뀌기 때문이다. 이때 눈과 보드 사이에 마찰이 없다면 위치 에너지가 모두 운동 에너지로 바뀐다.

마찰력(f)은 수직항력(N)에 비례한다.

$$f = \mu N = \mu mg$$

지는 것이다. 이는 나무토막과 나무판 사이의 마찰계수(μ)보다 나무토막과 사포 사이의 마찰계수가 더 크기 때문이다. 또한 나무토막 2개를 포개어 놓고 당기면, 나무토막 1개를 당길 때보다 더 큰 힘이 든다. 이와 같이 마찰력은 접촉면의 성질(거친 정도)과 물체의 무게에 따라 달라진다. 그러나 접촉면의 넓이와는 관계가 없다. 하지만 이것은 이상적인 경우이며 현실에서는 접촉면의 상태가 모두 같지 않기 때문에 넓을수록 마찰력이 증가한다. 따라서 광폭 타이어가 일반 타이어보다 마찰력이 더 커서 코너를 돌 때 더 안정적으로 돌 수 있는 것이다.

나의 몸무게는 50kg?

우주선 안에서는 사람이나 물체가 둥둥 떠다닌다. 이 장면은 비행기로 낙하하면서 촬영한 것으로 실제 우주인의 훈련도 이러한 방식으로 이루어진다.

〈아폴로 13〉 아폴로 13호는 숫자나 여러 가지 주위에서 발생하는 일들의 불길함을 뒤로하고 달을 향해 날아간다. 우주선에 탄 우주인들은 지구를 벗어나자 우주선 안에서 공중을 자유롭게 떠다니는 자신의 모습뿐만 아니라 라디오를 띄우는 등 여러가지 재주를 보여 준다. 이러한 그들의 모습이 지구에 중계가 되는지 알고 쇼를 하고 있는 것이다. 하지만 방송사는 이제 달에 가는 모습이 식상하다며 방송하지 않는다. 아무튼 우주선 안에서 떠다닐 수 있는 것은 몸무게가 사라졌기 때문일까?

방송에서 흔히 "학생들의 몸무게가 평균 2 kg 늘어났습니다."와 같은 표현을 볼 수 있다. 우리가 일상적으로 사용하는 '몸무게가 몇 kg'이라는 표현은 물리 단위가 일상생활에서 잘못 사용되고 있는 대표적인 경우이다. 즉, kg은 무게의 단위가 아니라 질량의 단위이기 때문에 kfg나 N을 써야 한다.

지구에 있거나 우주선 안에 있거나 혹은 달에 있거나 그들은 모두 같은 사람이며, 같은 라디오이다. 다시 말해 사람이 있는 위치만 달라진 것이기 때문에 몸을 구성하고 있는 물질의 양은 같다고 할 수 있다. 이렇게 지구뿐만 아니라 우주 어디서나 장소에 상관없이 변함 없는 물질의 고유한 양을 **질량**이라고 한다. 그런데 지구에서는 무거웠는데, 달에서는 가벼워지고 우주선 안에서는 둥둥 떠다니기까지 한다. 이러한 현상이 생기는 것은 물체에 작용하는 힘이 달라졌기 때문이다. 이와 같이 물체에 작용하는 중력의 크기를 **무게**라고 하며, 장소에 따라 달라진다. 질량은 윗접시저울로 측정하며, 무게는 용수철저울로 측정한다.

> 중력의 크기는 질량에 비례한다.
> $$F = mg$$

누구나 슈퍼맨이 될 수 있다?

〈슈퍼맨 2〉 거울 같은 감옥에 갇혀있던 세 명의 악당이 핵폭탄의 폭발로 탈출하게 된다. 그들은 달로 날아와 달 탐사를 하고 있던 우주인을 공격한다. 우주인들은 그들을 보고 놀라서 도망을 가려하는데, 그

달에서는 중력이 작지만 없지는 않다. 따라서 충분한 속력으로 뛰어오르지 않는다면 다시 달로 낙하하게 된다.

들의 모습이 어색하다. 또한 발로 걷어차자 우주인이 멀리 날아가 버린다. 왜 그럴까?

> **만유인력의 법칙**
> 만유인력은 두 물체 사이의 거리의 제곱에 반비례하고, 질량의 곱에 비례한다. G는 만유인력 상수로 $6.67 \times 10^{-11} \, \mathrm{Nm/s^2}$이다.
>
> $$F = G \frac{m_1 m_2}{r^2}$$
>
> 행성의 표면에서
>
> $$G \frac{mM}{R^2} = mg$$
>
> $$\therefore g = G \frac{M}{R^2} = 9.8 \, \mathrm{m/s^2}$$

〈미션 투 마스〉에서 화성을 향해 날아가고 있는 우주선 안에서, 공중에 둥둥 떠다니며 춤을 추는 주인공과 초코볼이 공중에 떠 있는 모습을 볼 수 있다. 이와 달리 〈트리플 X〉에서는 높은 다리 난간에 점프대를 설치해 놓고, 자동차와 함께 다리 아래로 뛰어내리자 운전자와 자동차가 모두 아래로 점점 빨리 떨어지는 것을 볼 수 있다. 우주선 안은 무중력 상태(정확하게는 무중량 상태라는 표현이 옳다. 아무리 멀리 떨어져도 중력은 작용하기 때문에 지구 궤도를 돌고 있는 우주선 안에도 중력은 작용한다. 또한 이 중력의 크기는 달 표면의 중력보다 크다)인 데 비해, 지구의 모든 물체에는 지구 중심 방향으로 지구가 끌어당기는 힘인 **중력**이 작용하기 때문이다. 중력의 방향은 항상 지구 중심 방향이며(자전에 의한 원심력을 고려하면 정확하게 중심 방향은 아니다), 측정하는 장소(위도나 고도)에 따라 조금씩 달라진다. 지구가 자전하고 있기 때문에 극지방이 적도 지방보다 중력가속도가 더 크다.

지구 이외의 다른 천체에도 모두 중력이 작용하고 있는데, 지구보다 더 큰 곳도 있고 작은 곳도 있다. 예를 들어 달의 중력을 지구와 비교해 보자. 중력의 크기를 계산해 보지 않더라도 지구는 대기를 가지고 달은 대기가 없다는 것에서 우선 지구의 중력이 더 크다는 것을 짐작할 수 있다. 달의 중력이 지구보다 작기 때문에 대기가 우주로 모두 달아나서 달에는 대기가 없다고 생각할 수 있기 때문이다. 달에서 무거운 우주복을 입고도 가볍게 점프를 할 수 있는 것도

달이 지구 중력의 1/6밖에 되지 않기 때문이다.

〈아마겟돈〉에서 우주인이 소행성에 핵폭탄을 묻기 위해 땅을 파다가, 가스가 분출하는 바람에 우주 공간으로 튕겨 나가 버린다. 만약 지구였다면 뒤로 넘어지고 말았겠지만 소행성에서는 중력이 거의 없기 때문에 조그만 힘에도 우주로 튕겨 나가 버릴 수 있는

〈아마겟돈〉 소행성에서 굴착작업 도중 가스가 터져 나오는 바람에 우주로 튕겨 나가고 있다. 물론 조그만 소행성에 가스가 터져 나올 가능성은 거의 없다.

것이다. 〈레드 플레닛〉에서는 화성에서 오줌을 누면서 멀리도 간다고 신기해 하는 장면이 있다. 화성 표면의 중력가속도는 $3.7\,m/s^2$으로 지구보다 작기 때문에 이러한 현상이 생기는 것이다. 따라서 소행성이나 달에 가면 누구나 사람 몇 명쯤 등에 태우고 팔 굽혀펴기를 할 수 있는 슈퍼맨이 될 수 있다.

하늘로 꿈을 쏘아 올리는 방법

〈옥토버 스카이〉 이 영화는 스푸트니크 소식에 감동을 받고 로켓으로 달에 가겠다는 꿈을 가진 탄광 소년들의 실화를 바탕으로 했다. 탄광촌에서는 미식축구 선수가 되지 않는다면 고등학교를 졸업하고 난 후 가질 수 있는 직업은 광부밖에 없다. 이러

로켓을 쏘아 올리겠다는 꿈을 가진 시골 학교 소년들의 실화를 다룬 〈옥토버 스카이〉에서 로켓은 소년들과 마을 사람들의 희망을 담아 하늘로 힘차게 날아오른다.

한 상황에서 호머(제이크 질렌홀 분)는 자신의 꿈을 이루기 위해 끊임없이 노력하며, 결국 전국 과학전람회에서 우승하여 마을의 영웅이 된다. 이 소년들을 믿고 지원해 준 선생님과 마을 사람을 위해 마지막으로 로켓을 쏘아 올리는 장면이다. 그렇다면 로켓이 날아갈 수 있는 이유를 설명해 보면?

> **작용–반작용의 법칙**
> 작용–반작용은 힘의 크기는 같고 방향은 반대이다.
> $$F_{AB} = -F_{BA}$$

롤러브레이드를 신고 벽을 세게 밀면 어떻게 될까? 물론 몸이 뒤로 밀려갈 것이다. 이것은 그 사람이 벽을 미는 만큼 벽도 그 사람을 밀기 때문이며 이러한 힘을 '작용과 반작용'이라고 한다. 세상에 존재하는 모든 힘에는 작용과 반작용이 존재하며, 반드시 두 물체 사이에 작용하게 된다. 즉, 힘을 가하게 되면 힘을 받는 쪽이 있어야 한다는 것이다. 내가 걸어갈 수 있는 것은 나의 발이 지면을 밀 때 지면도 동일한 힘으로 내 발을 밀기 때문이며, 총이나 대포를 쏠 때 뒤로 밀리는 것 또한 '작용과 반작용' 때문이다. 로켓은 연료의 연소 가스를 뒤로 분사함으로써 생기는 연소 가스의 반작용을 그 추진력으로 해서 날아가는 것이다. 즉, 로켓이 가스를 밀어내면 가스는 로켓을 미는 것이다.

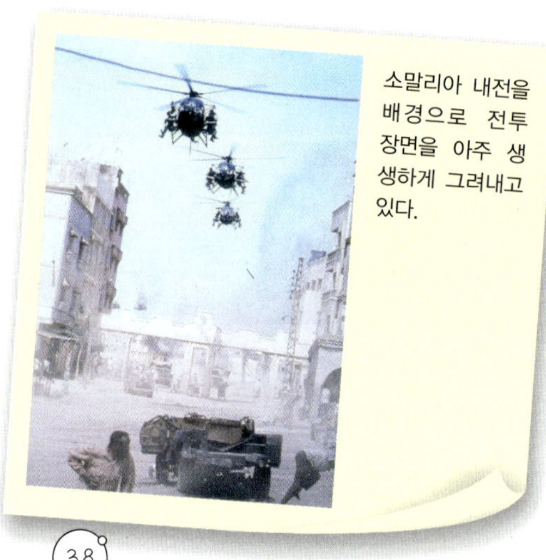

소말리아 내전을 배경으로 전투 장면을 아주 생생하게 그려내고 있다.

블랙 호크가 추락한 이유는?

〈블랙 호크 다운〉 1993년 10월 3일 미국의 델타포스와 레인저부대, 160 특전항공단은 소말리아 민병 대장 아이디드의 부관 납치를 위해 출동한다. 초반 미군이 압도적인 기세로 출발한 이 작전은 1시간가량 소요될 예정이었으나, 레인저 부대원의 추락을 시작으로 무적의 전투 헬리콥터로 불리는 '블랙 호크'마저 20분 간격으로 격추되면서 상황은 급격히 반전되어 버린다. 블랙 호크의 꼬리 날개가 손상을 받자 동체가 회전하면서 조종이 불가능한 상태가 되어버리는데, 왜 이러한 현상이 생기는 것일까?

〈블랙 호크 다운〉은 소말리아의 내란과 기근 문제 해결을 위해 파견된 미군 부대의 전투를 소재로 〈글래디에이터〉(2000)의 리들리 스콧이 감독을, 〈진주만〉(2001)의 제리 브룩하이머가 제작을 맡아 한 편의 다큐멘터리를 찍듯이 만든 영화이다. 원작은 저널리스트 마크 바우덴의 '블랙 호크 다운'(1999)이며, 2002년 제74회 아카데미 시상식에서 4개 부문 후보에 올라 편집상과 음향상을 수상하였다. 처절한 전투 상황을 어설픈 할리우드식 영웅주의나 국수적인 애국심에 호소하지 않고 철저하게

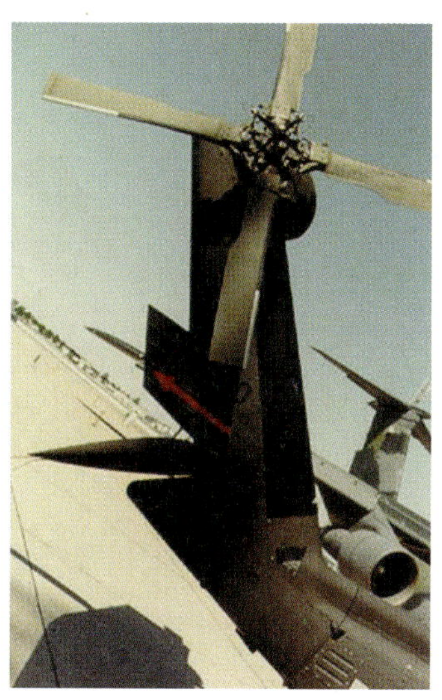
반작용력을 상쇄시키기 위해 테일로터가 달려 있다.

사실적으로 묘사하여 전쟁이 얼마나 비극적인 것인가를 느끼게 한다.

이 영화의 제목이자 영화의 주요한 소재가 되는 블랙 호크는 다목적 전술 공수 작전용 헬리콥터로 UH-60라고도 한다. 헬리콥터에 대한 구상은 1490년경 레오나르도 다 빈치의 스케치에서 볼 수 있으며, 최초의 실용적인 헬리콥터를 만든 사람은 키에프에서 미국으로 이민을 간 이고르 시코르스키이다. 간혹 비행기의 프로펠러와 헬리콥터의 회전날개(로터)가 같은 작용을 하는 것이라고 생각하는 사람들이 있는데, 이는 잘못된 생각이다. 이름에서 알 수 있듯이 헬리콥터의 회전날개는 프로펠러가 아니라 비행기의 날개와 같은 역할을

CH-46 시나이트. 두 개의 회전날개가 서로 반대 방향으로 회전하기 때문에 동체가 회전하지 않는다.

한다. 따라서 비행기를 고정익기라 하고 헬리콥터를 회전익기라고 하는 것이다. 헬리콥터라는 이름도 나사의 선(helical) 모양으로 돌아가는 운동체(rotor)를 가진 비행기라는 뜻이다. 비행기는 프로펠러로 추진력을 얻고 날개를 통해 양력을 얻지만, 헬리콥터는 회전날개를 통해서 양력과 추진력을 모두 얻는다. 헬리콥터는 회전날개의 각도를 조절하여 전진하거나 후진 또는 옆으로도 움직일 수 있는 추진력을 얻는다. 회전날개를 회전시킬 때의 돌림힘(토크)에 대한 반작용으로 기체는 반대 방향으로 회전을 하려고 한다. 헬리콥터는 반작용에 의한 문제를 해결하기 위해 회전날개를 하나 더 달아서 이 힘을 상쇄시킨다. 앞뒤로 두 개의 회전날개를 달아서 서로 반대 방향으로 회전을 시키거나(CH-46 시나이트나 CH-47 치누크), 꼬리 회전날개를 달아서 주 회전날개와 수직으로 회전시키는 방법을 가장 많이 사용한다. 꼬리 회전날개는 동체에서 멀어질수록 토크가 크게 작용하기 때문에 꼬리에 붙어 있는 것이다. 꼬리 회전날개는 헬리콥터를 제어할뿐만 아니라 정교하게 조정할 수 있게 해주지만, 소음이 심하고 영화에서와 같이 쉽게 파손될 우려가 있기 때문에 이를 없앤 노타르 헬리콥터도 있다. 만약 우주에서 문을 열기 위해 손잡이를 돌린다면 손잡이를 돌리는 방향과 반대 방향으로 회전하는 자신을 발견하게 될 것이다. 다만 방에서 문을 열 때 우리가 회전하지 않는 것은 발바닥과 지면 사이의 마찰력(정지 마찰력)이 반작용력과 같기 때문이다.

압력과 작용과 반작용

〈슈퍼맨〉 악당 랙스 루더(진 해크만 분)는 산 안드레아스 단층에 핵폭탄을 터트려서 지층을 가라앉게 하여 그가 산 사막 땅이 해변으로 드러나게 해서 돈을 벌려고 한다. 그의 계략은 어느 정도 성공한 듯이 보여 지층이 가라앉고 있다. 우리의 슈퍼맨이 이걸 보고 가만히 있으랴? 그는 신속하게 땅속으로 날아가서 가라앉는 지층을 떠받친다. 지층이 엄청나게 무겁겠지만

슈퍼맨이 아무리 힘이 세더라도 지층을 들어 올리기는 쉽지 않다.

슈퍼맨이니까 이 정도 힘은 있다고 치자. 그럼 이렇게 떠받칠 수 있을까? (지층이 엄청나게 무겁겠지만, 한 1000만 톤쯤이라고 해두자.)

아마 바늘로 두부를 떠받칠 수 있다고 생각하는 사람은 없을 것이다. 바늘은 두부를 받칠 수 있을 만큼 튼튼한데도 바늘로는 두부를 떠받칠 수 없다. 슈퍼맨이 아무리 힘이 세고 몸이 튼튼하더라도 바

늘로 두부를 떠받칠 수 없는 것과 같이 슈퍼맨도 지층을 떠받칠 수 없다. 슈퍼맨의 힘이 충분히 세지만 그의 손바닥에 작용하는 압력의 크기가 너무 크기 때문에 지층을 들어 올리는 순간(지층이 부서지는 바람에 들어 올리지도 못하겠지만) 그는 지층에 꽂혀 버릴 것이다. 이는 바늘 위에 두부를 올려놓는 순간 두부가 바늘에 꽂혀 버리는 것과 마찬가지이다. 압력은 작용한 힘을 (접촉한)면적으로 나누어 준 양이다. 즉, 압력은 1,000만 톤/1,000 cm²가 된다(여기서 1,000 cm 은 슈퍼맨의 손바닥 면적으로 슈퍼맨이 가로 40 cm, 세로 25 cm 정도로 가정한 수치이다. 물론 두 손을 합쳐서이고, 계산의 편의를 위해 손을 크게 잡았다). 따라서 1 cm²에 만 톤의 무게가 가해진다. 이런 압력을 견딜 땅이 어디에 있을까? 문제는 또 있다. 슈퍼맨이 지층에 힘을 가했다면 지층도 슈퍼맨에게 힘을 가하게 된다. 즉, 작용이 있으면 이에 대한 반작용도 있다는 이야기다. 따라서 슈퍼맨은 지층에 의해 눌려서 땅에 박혀 버리게 된다.

> 압력은 가해준 힘에 비례하고 면적에 반비례한다.
>
> $$P = \frac{F}{S}$$

날아라~ 셔틀

소행성의 꼬리 부분에 많은 돌조각이 있어서 충돌을 피하기 위해 우주선이 곡예비행을 하듯 날고 있다.

〈아마겟돈〉 셔틀이 달의 뒷면을 돌아(슬링샷) 소행성에 착륙하기 위해 소행성 꼬리 부분으로 진입을 하고 있다. 그러나 아직도 많은 소행성의 조각들이 떠다니고 있어 곡예비행을 하고 있다. 과연 셔틀이 이렇게 자유롭게 비행할 수 있을까?

이 부분은 아마겟돈에 처음으로 등장하는 문제점이 아니다. 이전에 우주선이 등장하는 대부분의 영화(예를 들면 스타워즈)에서 끊임없이 실수를 하는 부분들이다. 우주 공간에는 독자 여러분이 알다시피 공기가 없다. 공기가 없는 곳에서 날개는 폼일 뿐, 무용지물이다. 우주선이 동그랗든 납작하든 공기가 없는 우주에서 어떤 형태를 취하든 아무 상관없다. 다만, 우주선에 날개를 달아주는 이유는 그것이 대기 속에 살고 있는 우리들에게 친숙하기 때문이다. 일본의 한 애니메이션 메카닉 디자이너는 우주 공간에서 날개가 필요 없다는 것을 간파하고, 날개가 없는 우주선을 디자인했다가 퇴짜를 맞았다는 이야기가 전해 온다. 이것은 이카루스가 하늘을 날기 위해 날개가 필요했던 때부터 가지게 되는 우리 고정관념의 하나로 우리가 얼마나 날개에 애착(?)을 가지는지 잘 나타내 주는 대목이다. 여기서도 셔틀은 우주 공간에서 마치 지구에서와 같이 그 비행 실력을 유감없이 발휘한다. 그렇다면 셔틀은 어떻게 방향을 바꾸는 것일까? 우주 공간에는 공기가 없기 때문에 플랩시스템이 아니라 보조 로켓을 가지고 자세를 바로잡아야 한다. 또는 엔진이나 노즐을 회전시켜 분출 가스의 방향을 바꿈으로써 자세를 교정한다. 셔틀에 방향을 바꿀 수 있는 로켓이 없는 것은 아니지만, 영화에서와 같이 날렵하게 바꿀 정도는 아니다. 또한 영화 속에서는 분출 방향을 바꾸는 것이나 자세 교정 엔진을 사용하고 있다는 것을 발견할 수 없었다. 물론 카메라에 포착되지 않았을 수도 있다. 하지만 어떤 경우에도 힘이 작용할 때만 물체의 운동 상태가 바뀐다는 것은 분명하다.

웃기는 착륙선

우주 공간에 있는 우주선의 모습임에도 불구하고 여전히 지구상에서 비행기의 운동을 생각해 묘사되고 있다.

〈스타쉽 트루퍼스〉 50만 톤이나 되는 거대한 우주선이 드디어 버그의 행성에 도착했다. 무턱대고 행성에 착륙했다가 공격 받을 수 있기 때문에 모선은 행성의 궤도에 머무르고 병사를 실은 착륙선이 모선에서 분리되어 나온다. 이 장면에서 폴 버호벤 감독은 중대한 실수를 하고 있다. 착륙선을 잘 보라. 뭔가 이상하지 않은가?

우리가 지구에 살고 있기 때문에 저지르는 오류가 하나 있다. 우주에도 위아래가 있으며, 물체는 아래로 떨어진다는 생각이다. 지구에 위아래가 있는 이유는 중력이 작용하기 때문이며, 이에 따라 물체는 위에서 아래로 떨어지게 된다. 하지만, 우주 공간에서는 다르다. 중력이 작용하지 않기 때문에 상하 구분이 되지 않는다. 이 장면에서와 같이 소형 우주선이 모선에서 분리가 되기 위해서는 아래(사진에서) 방향으로 로켓을 분사할 것이 아니라 위쪽으로 분사를 해야 모선에서 이탈하게 된다. 이 장면과 같이 분사를 하게 되면 착륙선은 모선에 다시 부딪히고 만다. 아래에 아라크니드 행성이 있으니, 중력의 영향을 받아야 하기 때문에 이 장면이 옳다고 할지도 모르겠다. 당연히 중력의 영향을 받아야 한다. 하지만 지금 모선은 아라크니드의 중력권에서 궤도 운동을 하는 것으로 볼 수 있으며 착륙선도 모선과 함께 궤도 운동하고 있기에 따라서 모선에서 분리되려면 모선을 향해 로켓을 가동시켜야 착륙선이 분리된다.

난 날개가 두 개다 ~

〈진주만〉 영화가 시작되자 석양을 배경으로 농약 살포기 한 대가 착륙을 한다. 농장에는 장차 전투기 조종사가 될 두 주인공이 고물난 비행기를 타며 놀고 있다. 날개가 두 개 달린 이러한 비행기를 복엽기라고 하며, 라이트 형제의 초창기 모델과 비슷하다. 하지만 이 아이들이 성장한 후 타게 되는 전투기와 폭격

초창기의 비행기는 날개가 두 개였는데, 당시에는 단엽기를 만들 수 있는 기술이 없었기 때문이다.

기를 보면 모두 날개가 한 개이다. 왜 날개가 한 개이고 두 개일까?

비행기가 날기 위해서는 날개가 필수적이며, 비행기의 설계에 있어서도 매우 중요한 부분이다. 라이트 형제가 처음 비행기를 만들었을 때도 그들에게 날개의 제작은 매우 어려운 일이었을 것이다. 날기 위한 **양력**을 충분히 얻기 위해서는 날개가 공기와 접촉하는 면적이 넓어야 한다. 하지만, 날개를 크게 만들기 위해서는 날개를 만든 재료가 커다란 날개를 받쳐줄 만큼의 강도를 가지고 있어야 하는데, 그 당시의 기술로는 이것이 어려웠다. 복엽기에 대각선으로 당겨 맨 줄이 다리의 교량에서와 같이 날개의 강도를 증가시키는 역할을 했기에 날개를 2중으로 만든 것이다. 12m짜리 날개를 가진 복엽기의 부력을 단엽기로 만들려면 날개는 18m 정도가 되어야 하니 당연히 복엽기가 유리한 듯이 보였다. 하지만, 복엽기의 줄들은 고속

으로 움직일 때는 대단히 큰 항력을 발생시키기 때문에 고속 비행기에서는 좋지 못한 구조다. 두께 25cm의 유선형 날개가 시속 340km로 비행할 때 발생하는 항력은 지름 2.5cm의 와이어가 발생시키는 항력보다 작다(이것은 와이어 뒤쪽에 난류가 발생하기 때문이다). 따라서 현대의 고속 비행기에는 복엽기를 사용하지 않는다.

우주선을 회전시키면…?

우주 정거장을 회전시키면 우주 정거장 내에 인공중력이 만들어지기는 하지만 과연 그렇게 해야 할 필요가 있을까? 영화 속의 장면만 보면 또 다른 문제를 야기할 수도 있다.

〈아마겟돈〉 셔틀이 소행성을 향해 날아가기 전 연료를 공급받으려고 소련의 우주 정거장과 도킹 준비를 하고 있다 소련의 우주인은 몇 개월 동안 우주에 있어서 약간 상태가 좋지 않아 보인다. 우주 정거장의 우주인들이 작업하기 편하도록 중력을 발생시키기 위해 우주 정거장을 회전시키고 있다. 과연 회전을 시키게 되면 중력이 발생할까?

세탁기 속의 빨래들은 탈수가 되고 난 후 모두 세탁조의 벽에 붙어 있다. 도대체 세탁기에서 무슨 일이 있었기에 이런 일이 생겼을까? 세탁기는 우리 주변에서 가장 흔하게 볼 수 있는 원운동을 이용한 기계이다. 세탁이 끝난 후 탈수가 시작되면 빨래들은 서서히 벽쪽으로 붙기 시작한다. 누가 밀지 않아도 말이다. 좀더 시간이 지나면 세탁기에서 물 빠지는 소리가 나고, 호스를 통해 물이 흘러나온다. 이는 빨래통이 원운동을 하면서 구심력이 작용하게 되고, 빨래에는 구심력과 반대 방향으로 원심력(이는 관성에 의한 효과로 실제로 존재하는 힘은 아니다)이 작용하기 때문에 나타나는 현상이다. 이것을 영화의 소련 우주 정거장으로 확대해서 생각해 보자. 우주 정거장이 선체를 회전시키면서 중력이 발생했다고 이야기를 하고 있다. 이는 우주 정거장이 적당한 회전수로 회전을 한다면 가능한 이야기이다. 즉, 회전하는 물체에 중심 방향으로 구심력이 작용하는 데 이 구심력이 바로 중력

놀이공원에 설치된 인공중력 발생 놀이장치. 벽에 기댄 채로 있으면 통이 회전하고 사람의 몸이 벽에 붙어 버리면 바닥이 내려간다.

의 역할을 하게 되는 것이다(구심가속도는 $r\omega^2$을 사용해서 영화 속의 가속도를 추정해 볼 수도 있다). 외국의 놀이공원에 설치된 로터라는 회전 원통 놀이기구는 단순히 회전하는 커다란 원통으로 되어 있다. 이 원통이 회전하기 시작하면 사람들은 벽으로 쏠리는 힘을 느끼게 되고, 이 힘이 중력보다 크게 되면 원통의 바닥이 아래로 내려가 버린다. 즉, 사람은 마치 세탁기의 빨래처럼 벽에 붙어 회전하게 되는 것이다. 이 때문에 회전하는 원통에서 원심력이 작용하고 있는 것으로 생각하기 쉽지만 실제 작용하는 힘은 구심력이다(원심력은 구심력에 의한 관성력의 일종으로 가상의 힘이다. 따라서 원심력은 구심력과 크기가 같고 방향이 반대인

> 원운동을 하는 물체는 원의 중심을 향하는 구심력이 작용한다.
>
> $$F = mr\omega^2 = \frac{mv^2}{r}$$

힘이다). 영화 속에서는 작업을 편하게 하기 위해 중력을 만든다고 하는데, 현재 소련 우주인과 임무를 띤 우주인들도 모두 무중력 상태에 적응한 상태이기에 갑자기 중력이 작용하게 되면 오히려 행동

하기가 더 어려울 수도 있다. 특히, 소련 우주인의 경우와 같이 오랜 시간 우주 공간에 상주하다가 갑자기 중력이 생기면 제대로 걷지도 못하게 될 것이다. 또 하나의 문제점을 지적하면 회전을 할 때 도킹하기가 쉽지 않다는 것이다. 즉, 도킹하고자 하는 셔틀도 같이 회전해야 하기 때문이다. 아마도, 영화를 제작할 때 무중력 상태보다 그냥 걸어 다니는 장면이 더 촬영하기 쉬워서 이렇게 한 것으로 보인다.

우주선이 부서지면 어떻게 될까?

우주 공간에서 부서진 우주선 조각이 아래로 떨어지고 있는데, 폭발에 의한 것이 아니라 마치 중력에 의해 아래로 가속되고 있는 듯이 보인다.

〈아마겟돈〉 소련의 우주 정거장으로부터 연료를 보급 받는 과정에서 화재가 발생하여 급하게 탈출을 시도하고 있다. 하지만, 부서진 우주 정거장 잔해가 아래로(?) 떨어져 우주선과 충돌할 위험에 처했다. 이것을 지켜보던 칙(윌 패튼 분)이 놀라고 있다. 영화 속에서는 빠른 속력으로 잔해가 떨어지고 있기 때문에 놀라는 것이 당연할 것이다. 하지만 이것이 영화가 아니라 현실이었다면 이렇게 놀랄 필요가 있을까?

소련의 우주선으로부터 연료를 공급받는 도중 그만 우주선 내에 화재가 발생하고 만다. 우주인들은 두 대의 셔틀로 황급히 이동하고 떠날 준비를 하지만 도중에 폭발한 우주선의 잔해가 셔틀을 향해 떨어지려 하고 있다. 만약 지상에서 비행기가 날아가다가 부품의 일부가 비행기에서 떨어졌다면 지면을 향해 아래로 떨어지게 된다. 하지만, 인공위성의 경우는 이와 다르다. 인공위성의 경우 일정한 궤도를 따라 궤도 운동을 하고 있는 물체이다. 지구상에서 초속 7.9km로 던진 물체는 지상으로 떨어지지 않고 지구 주위를 타원 궤도로 궤도 운동을 하게 된다. 이것이 인공위성이다. 인공위성의 경우 고도가 높으면 높을수록 더 낮은 궤도 속력을 가진다. 여하튼 인공위성은 고유한 속도를 가지고 운동하는 물체이다. 여기서 우주인이 빠져 나와 작업을 하고 있어도 그는 지구로 추락하지 않는다. 이는 중력이 작용하지 않기 때문이 아니다. 인공위성이 있는 곳은 지구보다 중력이 조금 작을 뿐 여전히 중력이 작용한다. 믿기지 않겠지만 달보다 궤도를 돌고 있는 우주선의 우주인에게 작용하는 중력이 더 크다. 인공위성 궤도(약 600 km) 부근에서 중력가속도는 지상의 4/5 정도이지만 달은 겨우 1/6이다. 이와 같이 인공위성 궤도에 있는 우주인에게 작용하는 중력의 크기가 더 크지만 우주인이

지구로 추락하지 않는 것은 우주인이 빠른 속력으로 지구 주위를 운동하고 있기 때문이다. 또한 우주인과 인공위성이 함께 운동하기 때문에 우주인은 정지한 듯이 보인다. 즉, 우주인과 인공위성은 동일한 궤도 속력을 가지고 궤도 운동을 하고 있는 것이다. 따라서 영화에서와 같이 화재가 발생했다고 해서 인공위성에 잘 붙어 있던 탱크가 아래로 추락하는 일은 발생하지 않는다. 다만 폭발한다면 폭발력에 의해 사방으로 흩어질 뿐이다.

인공위성이 원운동을 하는 것은 중력이 구심력의 역할을 하기 때문이다. 이를 이용하면 인공위성의 궤도속력을 구할 수 있다. 이 식을 보면 저궤도위성의 궤도속력이 고궤도위성보다 더 크다는 것을 알 수 있다.

$$F_{중력} = F_{구심력}$$

$$G\frac{Mm}{r^2} = \frac{mv^2}{r}$$

$$\therefore v = \sqrt{\frac{GM}{r}}$$

비행기를 돌려라～

비행 중인 비행기가 방향을 바꿀 수 있는 유일한 방법은 공기의 흐름을 바꾸는 것밖에 없다.

〈진주만〉 영국에서 레이프(벤 애플렉 분)의 전사 소식이 들리자 대니(조쉬 하트넷 분)는 비통해 하는 에블린(케이트 베킨세일 분)을 위로하게 되고, 대니와 에블린은 새로운 사랑에 빠지게 된다. 에블린이 대니와 사귀기로 마음을 고쳐먹고 비행장으로 가서 대니와 함께 비행기를 타고 비행을 하는 장면이다. 이때 대니는 연속 횡전이라는 기술(?)로 비행기를 회전시킨다. 자동차는 땅 위에서 바퀴를 움직이면 조종이 가능하지만, 비행기는 도대체 어떻게 조종할 수 있을까?

　여객기와 같이 대형 비행기의 날개는 복잡한 플랩 시스템을 가지고 있지만 경비행기의 경우에는 보조 날개로 비행기를 조종하게 된다. 비행기를 착륙시킬 때는 얕은 강하, 급활공, 플레이어의 3단계 진입 방법을 사용하게 된다. 얕은 강하에서는 착륙이 다가옴에 따라 엔진의 출력을 줄이게 되고, 비행장이 다가오면 더욱더 출력을 떨어뜨린다. 급활공을 하여 내려온 비행기는 착륙 직전에 비행기를 일으켜 세우게 되는데 이것을 플레이어라고 한다. 비행기를 일으켜 세우지 않으면 비행기는 당연히 쳐 박히기 된다. 플레이어에서 비행기를 일으켜 세우기 위해서는 보조 날개를 아래쪽으로 향하여 양력을 최대한 얻어 비행기의 기수를 살짝 들어주고, 공기의 저항을 크게 하여 비행기를 빨리 멈추게 한다. 비행기는 전후좌우의 2가지 방향으로 움직이는 자동차와 달리 여기에 상하를 추가해 3가지 방향으로 움직일 수 있다. 또한 자동차가 지면과 접촉한 바퀴를 움직여 방향을 바꿀 수 있는데 반해 비행기는 지면과 접촉한 곳이 없기 때문에 다른 방법으로 방향을 바꿔야 한다. 비행기는 승강타(엘리베이터), 방향타(러더), 보조 날개를 움직여 공기의 흐름을 바꾸어서 방향을 바꾸게 된다. 비행기의 승강타를 조종하여 비행기를 상승 또는 하강시키는 것을 피칭이라고 한다. 조종사가 비행기의 조종간을 앞으로 밀게 되면 승강타가 아래로 내려가고 공기의 흐름이 바뀌어 꼬리가 위로 올라가게 되고 비행기의 기수가 내려감으로 인해서 비행기는 하강하게 된다. 비행기의 방향타를 움직여 비행기를 좌현 또는 우현으로 선회하는 조작을 요잉이라고 한다. 조종사가 페달을 밟아 꼬리에 있는 방향타를 움직이면서 보조 날개를 움직이면 비행기는 선회하게 된다. 마지막으로 보조 날개를 움직여 비행기의 동체를 기울이는 조작을 롤링이라고 한다. 조종사가 비행기 조종간을 옆으로 움직이면 한쪽의 날개는 올라가고 다른쪽은 내려가서 비행기가 회전하게 된다. 이와 같이 비행기를 조종하려면 공기 흐름을 바꿔야 한다. 날개 주위를 흐르는 공기의 흐름이 바뀔 때 반작용에 의해 비행기의 운동 상태가 변하게 되는 것이다.

03
운동량과 충격량

주거노트가 되고 싶다면?

주거노트가 벽을 부수며 섀도캣을 잡으러 달려가고 있다.
주거노트는 덩치가 크기 때문에 운동량이 크다.

〈엑스맨 3 : 최후의 전쟁〉 주거노트(비니존스 분)라는 돌연변이는 엄청난 괴력의 소유자이다. 그는 머리에 쇠로 보이는 헬멧을 쓰고 벽을 아무렇지도 않게 뚫고 달릴 정도의 괴력을 가지고 있다. 영화 속에서 이러한 괴력을 보이는 사람(?)의 경우는 터미네이터와 같이 덩치 큰 사나이들 밖에 없다. 그렇다면 벽을 부수고 통과하려면 어떤 조건이 필요할까?

　주거노트나 터미네이터 모두 일반인보다 덩치가 훨씬 크다. 벽을 부수는 데는 아무래도 덩치가 큰 즉, 질량이 큰 쪽이 유리하다.

〈007 어나더 데이〉에서 007은 탱크를 타고 도심을 질주하면서 벽과 건물을 마구 부수는데, 이러한 것이 가능한 이유는 탱크가 자동차보다 속도가 빠르기 때문이 아니라 질량이 크기 때문이다. 그리고 벽을 부수기 위해서는 천천히 벽을 향해 접근하는 것 보다는 빠른 속력으로 돌진하는 것이 좋다. 안에서 잠긴 문을 열 때 뒤에서 달려와 몸을 문에 충돌시키는 것은 속력이 클수록 운동의 효과도 크기 때문이다. 즉, 질량이 크고 빠르게 움직이는 물체는 다른 물체와 충돌했을 때 더 큰 충격을 가할 수 있다. 따라서 물체의 운동 정도는 질량과 속도가 클수록 크다는 것을 알 수 있다. 이와 같이 물체의 질량과 속도를 곱한 양을 **운동량**이라고 한다.

> 운동량은 질량에 속도를 곱한 양이다.
>
> $p = mv$

떨어져! 내가 받아 줄게~

〈슈퍼맨〉 슈퍼맨은 로이스가 헬기에서 떨어지는 것을 구하고, 내친김에 서비스(?)로 빌딩을 터는 도둑을 잡으려고 한다. 이 도둑은 대담하게도 빌딩의 외벽에 유리 흡착기를 붙여서 올라가고 있다. 잘 올라가던 도둑은 유리벽에 수직으로 서 있는 빨간 부츠의 사나이를 보고 놀라서 빌딩에서 떨어지고 만다. 그러자 슈퍼맨은 미소를 짓더니, 아래로 날아가 다시 유리벽에 붙어 선다. 슈퍼맨 위로 도둑이 떨어지고 슈퍼맨은 그를 받아서 빌딩 아래로 내려가서 경

역시 슈퍼맨의 품은 포근하다. 몇 층을 아래로 떨어진 사람이라도 그의 품에 안기면 안전할 수 있기 때문이다. 강철 사나이의 품이 어떻게 이리 말랑할 수 있을까?

찰에게 인계한다. 슈퍼맨이니까 벽에 붙는 것까진 봐줄 수 있다고 하더라도 도둑은 봐줄 수 없다. 도둑은 슈퍼맨의 포근한(?) 가슴으로 5층 이상을 떨어진 후 안겼다. 슈퍼맨이 유리벽에 붙어서 꼼짝도 안 하고 받은 것은 문제가 되지 않는다 하더라도(슈퍼맨이니까), 이런 경우 도둑에게 어떤 문제가 발생할까?

달리던 차가 브레이크를 밟으면서 서서히 정지하면 아무런 충격도 받지 않지만, 벽에라도 부딪히면 운전자는 크게 다친다. 이와 같이 어떤 시간 동안 물체에 주어진 힘의 총량을 충격량(impuls)이라고 한다. 충격량은 작용한 힘(충격력)과 시간의 곱이다. 충격량이 일정할 때 충격력과 시간은 반비례하기 때문에 작용 시간이 짧아지면 충격력은 커진다. 도둑이 몇 층을 떨어져서 슈퍼맨의 따뜻한(?) 품에 안겼다 하더라도 이것은 땅바닥에 떨어지는 것보다 약간의 충격을 덜 받을 뿐 그는 크게 다치게 된다(슈퍼맨의 팔이 부러지지는 않을 테니까). 즉, 슈퍼맨이 도둑의 고통을 생각한다면 벽에 붙어서 받을 것이 아니라 내려가면서 그를 잡고 천천히 착륙해야 한다. 고층 아파트에서 떨어졌는데 무사한 사람들의 이야기는 놀랍지만 흔히 일어날 수 있는 경우는 아니다. 이들이 목숨을 구할 수 있었던 것은 자가용 지붕이나 나무와 잔디가 있는 곳에 떨어진 경우가 대부분이다. 이러한 장소에 떨어지게 되면 충격 받는 시간이 늘어나기 때문에 충격력이 줄어들어 그 만큼 살아날 가능성이 높아지는 것이다. 권투 선수들이 펀치를 타는 것(펀치를 물러서면서 맞는 것)도, 자동차 앞뒤에 범퍼가 붙어 있는 것도 바로 작용 시간을 늘려 충격력을 줄이기 위한 것이다. 우리는 흔히 높은 곳에서 떨어지는 사람을 안기만 하면 무사하게 되는 홍콩 영화의 법칙(?)을 이상하지 않게 받아들이는데, 현실에서는 안는다고 모든 것이 해결되지는 않는다. 떨어진

> 충격량은 충격력에 작용한 시간의 곱이다.
>
> $I = Ft$

사람을 안는 사람이 슈퍼맨이나 무공이 뛰어난 사람이라 하더라도 안기는 사람의 입장에서는 팔로 안아서 천천히 속력을 줄여주지 않는다면 바닥에 떨어지는 것이나 큰 차이가 없다.

〈매트릭스〉에서 모피어스는 건물을 건너뛰고는 네오에게 뛰어보라고 한다. 하지만 네오는 처음 뛰는 것을 감안해 뒤쪽으로 물러난 후 심호흡을 하고 힘껏 달려가지만 건물 아래로 보기 좋게 떨어져 버린다. 수십 층은 됨직한 고층건물에서 떨어졌지만 네오는 죽지 않는다. 그 비결은 바로 탄력성이 있는 아스

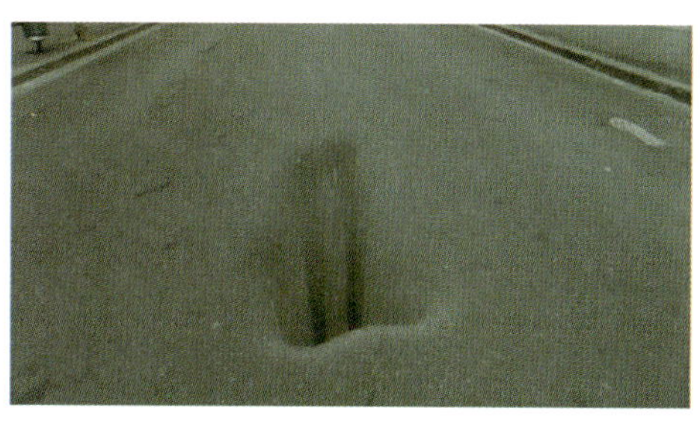

〈매트릭스〉 네오가 떨어진 바닥에 탄력성이 없었다면 그는 죽었을 것이다.

팔트 바닥 때문이다. 네오가 아스팔트 바닥에 추락하자 마치 고무줄처럼 바닥이 늘어났다가 다시 딱딱해 진다. 탄력성이 있는 바닥에 충돌한 경우(S_2)와 딱딱한 바닥에 충돌한 경우(S_1) 충격량은 같지만 충격력은 차이가 난다. 따라서 탄력성이 있는 바닥에 충돌한 네오가 큰 부상 없이 살 수 있는 것이다. 네오가 탄력성이 있는 바닥에 떨어지

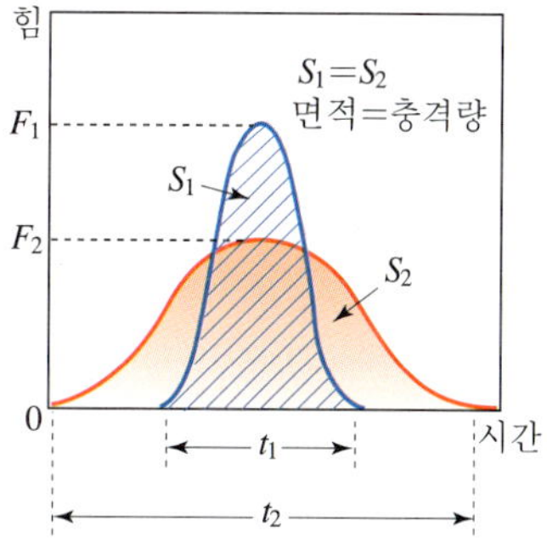

충돌 시간과 충격력의 관계.

거나 딱딱한 바닥에 떨어지거나 충돌 직전의 속력이 같고, 충돌 후 정지했기 때문에 충격량은 같다. 하지만 충격 받는 시간에 차이가 있으므로 충격력에 차이가 생기는 것이다.

야구 배트에 맞은 위보의 운명

플러버를 훔치러 온 두 악당을 막으려다가 위보는 야구 배트에 맞고 부서진다.

〈플러버〉 필립 교수(로빈 윌리엄스 분)가 잠시 집을 비운 사이에 악당들은 플러버를 훔치러 온다. 이를 발견한 위보는 악당들을 퇴치하기 위해 그들을 공격하게 된다. 처음에는 갑자기 나타난 위보의 공격에 악당들이 놀라서 당황한다. 하지만 위보는 악당이 휘두른 야구 배트에 맞아 크게 부서진다. 물론 나중에 필립은 꼬마 위보를 다시 만든다. 이때 위보가 받은 충격량은 얼마나 될까?

두 물체가 충돌하게 되면 서로 힘을 가하게 된다. 즉, 배트가 위보에게 가한 힘은 위보가 배트에 가한 힘의 크기와 같다. 이는 이 두 힘이 작용–반작용의 관계에 있기 때문이다. 배트가 위보에게 힘을 가했기 때문에 위보의 운동 상태에는 변화가 생긴다. 그래서 위보는 원래 운동하던 방향에서 반대 방향으로 날아간 것이다. 즉, 힘(충격력)이 가해지면 운동량에 변화가 생긴다. 만약 위보가 배트와 충돌한 후 정지했다면 충격량은 더 작아지는데 이는 속도의 변화량이 적어지기 때문이다. 만약 위보의 질량을 2 kg, 속력은 20 m/s이고, 배트에 맞고 난 후에는 20 m/s로 반대 방향으로 날아간다고 가정해 보자. 그렇다면 충격량은 80 Ns ($I = 2(20 + 20)$)이 된다. 만약 반대 방향으로 날아가는 것이 아니라 배트와 충돌 후 정지하게 되면 40 Ns가 되어 충격량은 절반이 된다.

충격량은 운동량의 변화량이다.

$$I = \Delta p = m\Delta v$$

요원은 슈퍼맨?

〈매트릭스〉 모피어스(로렌스 피쉬번 분)를 구하러 온 네오(키아누 리브스 분)와 트리니티(캐리 앤 모스 분)를 잡기 위해 요원들이 출동했다. 요원들이 올라왔음을 눈치 챈 네오가 뒤로 돌면서 요원에게 쌍권총으로 열심히 총알을 쏟아 부었지만 요원들은 옆 장면과 같이 현란한 춤동작(?)으로 모두 피해 버리고, 오히려 네오에게 총을 쏜다. 요원들이 정상적인 인간인데 이렇게 빨리 움직이게 되면 어떠한 문제점이 발생할까?

요원들은 어차피 컴퓨터 프로그램이기 때문에 무엇이든 가능하다. 하지만 진짜 사람이 이렇게 빨리 움직이면 몸이 견뎌내지 못한다.

　　모피어스를 구하러 온 네오와 트리니티를 따라 옥상으로 올라온 요원이 네오가 쏜 총알을 피하는 장면이다. 무슨 춤(?)을 추는 것 같기도 한 이 인상적인 장면은 요원이 얼마나 빠른가를 단적으로 보여준다. 시속 30km로 달리는 자동차가 벽에 정면으로 충돌했을 때와 시속 50km 달리던 자동차가 갑자기(뒤에 견인되는 줄을 묶었다고 가정하자) 멈출 경우 어느 경우에 운전자가 더 큰 충격을 받겠는가? 우리는 흔히 충돌에 의한 충격만 심각하게 생각하고 갑작스러운 변화에 의한 충격은 대수롭지 않게 생각하는 경향이 있는 듯하다. 이는 실생활에서 충격 없이 갑자기 방향을 바꾸는 경험을 하기가 힘들기 때문이다. 하지만 다리에 끈을 묶고 누군가 당신을 빙빙 돌린다고 상상해 보라. 멀쩡하겠는가? 머리에 피가 몰려서 뇌출혈로 사망할지도 모른다. 요원은 네오의 총에서 발사된 총알을 보고 피하고 있다. 총알을 보고 피할 수 있다는 것은 거의 총알과 흡사한 빠르기로 몸을 움직일 수 있다는 것이다. 총알은 거의 음속의 빠르기로 날아간다. 따라서 좌에서 우로 음속으로 몸을 구부렸다가 다시 반대로 음속으로 구부려야만 한다. 이렇게 빨리 움직이다가는 온몸의 뼈가 다 부서질 것이다. 드라마 〈X파일〉의 한 에피소드에는, 이렇게 빨리 움직이는 아이들의 이야기가 나오는데 그들의 온 몸에 있는 뼈에 많은 금이 가 있다고 묘사가 되어 있다. 이렇게 빨리 움직이는 것도 문제이지만 몸이 견딜 수 있는가 하는 것이 더 큰 문제인 것이다.

강철 펀치를 가진 스미스

벽이 부서졌기 때문에 스미스의 손은 덜 아플 것이다. 만약 부서지지 않았다면 스미스의 손이 부러졌을 것이다. 물론 그는 요원이기 때문에 순식간에 상처가 아물어 버리겠지만.

〈매트릭스〉 매트릭스 시리즈 전편을 통해서 네오와 스미스 간의 대결은 끊임없이 이어진다. 이 두 사람(?)의 대결을 보면 놀라운 것이 펀치가 얼마가 강하면 맞으면 뒤로 멀리 날아갈 정도라는 것이다. 혹 주먹이 빗나가 건물 벽을 치게 되면 벽이 부서지는 것을 볼 수 있다. 그렇다면 건물 벽을 주먹으로 쳤을 때 벽이 부서지지 않는 경우와 부서진 경우 중 어떤 상황일 때 주먹이 더 아플까?

어린이 태권도 시범단에서 선보이는 격파 시범을 본 적이 있다. 다른 아이들은 모두 송판을 격파했는데, 한 어린이만 격파가 안 되서 다시 쳤지만 결국에는 격파하지 못하고 울음을 터트린 것이다. 아마 자신만 격파하지 못한 것에 대해 속이 상해서 운 것일 수도 있지만 물리적으로 따져보면 손도 다른 어린이에 비해서 더 많이 아팠을 것이다. 충격량은 운동량의 변화량인데, 운동량의 변화량은 속도의 변화량에 따라 크기가 결정된다. 따라서 격파를 했을 때가 그렇지 못했을 때보다 충격량이 적다. 벽을 격파하게 되면 속도가 줄기는 하지만 멈추지는 않는다. 하지만 벽을 격파하지 못하면 주먹은 벽에 충돌하여 멈추기 때문에 충격량이 더 큰 것이다.

또 다른 이유는 충격력이 더 크기 때문이기도 하다. 같은 높이에서 떨어진 컵이 시멘트 바닥에 떨어지면 깨지지만 카펫 위에 떨어지면 깨지지 않는다. 이는 충격량이 같더라도 충격 받는 시간에 따라서 충격력이 달라지기 때문이다. 벽을 격파하면서 지나가는 주먹이 충격을 받는 시간의 벽을 격파하지 못하고 벽에서 갑자기 멈춰버린다. 그러면 주먹보다 충격 받는 시간이 크기 때문에 충격력은 오히려 줄어든다. 태권도 격파 시범을 보이고 싶은가? 깰 자신이 있다면 벽돌 뒤까지 주먹을 민다고 생각하고 힘껏 치는 것이 훨씬 덜 아프다. 물론 그렇게 쳤는데, 깨지지 않는다면 더 크게 다친다. 이것이 바로 오랜 수련 기간을 지난 후에 격파를 해야 하는 이유이다. 〈엑스맨 3: 최후의 전쟁〉에서 엄청난 괴력을 가진 주거노트는 벽도 뚫을 만큼 힘이 세다. 계속 벽을 뚫으며 돌연변이의 능력을 없애는 소년을 잡으러 왔지만 마지막에 자신의 능력이 없어진 것도 모르고 벽

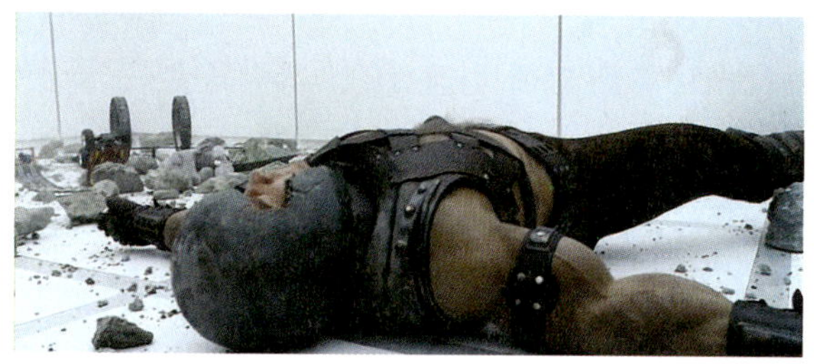

〈엑스맨 3: 최후의 전쟁〉 무식하면 용감한 것인지 덩치 큰 주거노트는 자신의 힘만 믿고 벽을 뚫으려고 하다가 실패하고 뒤로 쓰러진다.

을 향해 달려가다가 벽에 부딪혀 쓰러지고 만다. 같은 속력으로 달렸더라도 격파 되었을 때와 그렇지 못할 때는 이렇게 큰 차이가 난다.

네오와 모피어스의 서커스

〈매트릭스〉 네오가 드디어 자신이 '그'라고 느끼기 시작할 무렵 그 모피어스가 요원들에게 잡히고 만다. 네오와 트리니티는 모피어스를 구하기 위해 요원들의 빌딩으로 쳐들어간다. 이때 다리에 부상을 입은 모피어스가 헬기까지 오지 못할 것을 대비해 네오가 마중 나가는 공중서커스를 연출한다. 두 사람이 중간에서 만나 멈추게 되면 그들이 가진

네오와 모피어스는 공중에서 충돌한 후 아래로 떨어진다. 이 때에도 역시 운동량은 보존된다.

운동량은 어떻게 되는가?

모피어스는 헬기에 옮겨 타기 위해 열심히 달려가지만 그만 요원의 총에 맞는다. 이때 네오는 모피어스를 잡기 위해 그에게 날아가고 모피어스는 네오를 향해 뛰게 된다. 그리고 둘은 공중에서 만나 아래로 떨어지게 된다. 운동량은 질량에 속도를 곱한 양으로 정의되며, 속도가 벡터이기에 당연히 운동량도 벡터양이다. 따라서 방향이 다른 두 벡터는 더해서 '0'이 될 수 있다. 네오의 질량이 모피어스보다 조금 작고 네오가 모피어스보다 조금 빨리 움직이고 있다면 둘의 운동량은 서로 상쇄되어 '0'이 되고 아래로 떨어지게 되는 것이

다. 이것은 역으로 생각하면 둘이 공중에서 서로 세게 밀면 서로 반대 방향으로 서로 멀어질 수도 있다는 이야기가 된다. 〈러시아워 2〉에서 카터(크리스 터커 분)와 리(성룡 분)는 적과 싸우다가 건물에 매달리는 처지가 된다. 이때 줄이 아래로 늘어지면서 달려오는 트

〈러시아워 2〉 성룡은 공중에 매달려 달려오는 트럭을 피하기 위해 터커를 발로 민다. 만약 터커를 생각한다고 살짝 민다면 두 사람 모두 트럭에 치이고 말았을 것이다.

럭과 부딪힐 처지에 놓이자 리는 카터를 발로 밀어서 트럭에 치일 위기를 모면한다. 공중에 매달려 있을 때 둘은 정지해 있었기 때문에 운동량의 합은 '0'이며 발로 밀어 속도를 가지고 서로 멀어

> **운동량보존 법칙**
> 충돌 전후 물체의 운동량의 합은 보존된다.
> $$p_A + p_B = p'_A + p'_B$$

졌더라도 역시 운동량의 합은 '0'이다. 왜냐하면 서로 반대 방향으로 운동하고 있기 때문에 결국 운동량을 합하면 '0'이 된다. 하지만 〈매트릭스〉의 경우 중력을 고려하면 운동량은 증가한 것이 되지만

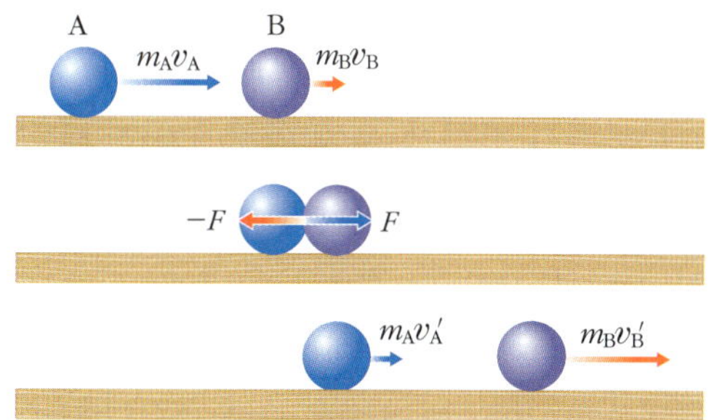

물체 A의 감소한 운동량과 물체 B의 증가한 운동량은 같다. 충돌하는 동안 두 물체에 작용하는 힘은 작용-반작용의 관계에 있기 때문이다.

중력을 고려하지 않는다면 이 경우에도 운동량은 보존된다. 운동량의 합이 보존된다고 운동 에너지도 항상 보존되는 것은 아니다. 운동 에너지는 완전 탄성 충돌일 때만 보존되는데, 이 경우에는 완전 비탄성 충돌이기 때문에 운동 에너지는 보존되지 않는다.

우주를 향하여~

고무풍선과 거대한 우주선은 날아가는 원리가 동일하다.

〈아마겟돈〉 훈련을 마치고 임무를 띤 우주 왕복선이 발사되고 있다. 우주선이 비행하는 원리를 설명할 때 흔히 고무풍선에 바람을 넣고 손을 놓는 예를 많이 든다. 그렇다면 고무풍선과 우주 왕복선이 무슨 상관이기에 이러한 예를 드는 것일까?

쥘 베른이 대포를 이용해 달로 여행을 할 수 있다는 SF를 발표하고 많은 사람이 달 여행을 상상했지만 이것이 실제로 가능하다고 생각한 사람은 그렇게 많지 않았다. 심지어 로켓을 이용해 우주를 여행할 수 있다는 박사 학위 논문이 만장일치로 거절당하고, 신문에서는 로켓을 이용한 우주여행이 가능하다고 주장한 공학자를 물리학의 기본원리도 모르는 사람이라고 비난했다. 하지만 이러한 전문가들(?)의 비난에도 굴하지 않고 우주여행에 대한 꿈을 키워온 과학자들 덕분에 오늘날의 우주비행이 가능해진 것이다. 교수들과 신문에서 로켓을 이용한 우주여행이 불가능하다고 생각했던 것은 지구에서는 지면이나 공기와 같이 로켓에 힘을 가할 대상이 있지만 우주에는 이러한 대상이 없다는 것이었다. 힘을 가할 대상이 없다는 것은 반작용이 없어 우주에서는 로켓이 날아갈 수 없다는 것이다. 하지만 이러한 생각은 뉴턴의 작용-반작용의 법칙을 잘못 이해한 것으로 로켓은 우주 공간에서도 잘 날아간다. 즉, 로켓은 분출 가스에 힘을 가하고 분출 가스는 같은 크기의 힘을 로켓에 가하기 때문에 로켓이 날아가는 것이다. 이를 운동량보존의 법칙으로 설명할 수도 있다. 로켓의 경우 우주선의 질량과 속도의 곱은 분출 가스의 질량에 분출 속도를 곱한 양과 같다. 로켓이 계속 작동하고 있기 때문에 우주선이 점점 빨라진다. 또한 우주선 전체 질량에서 연료의 질량이 줄어들기 때문에 로켓은 더욱더 빨리 날아가게 되는 효과도 있다. 하지만 이러한 화학 연료 로켓으로는 태양계를 벗어난 우주여행을 하기 어렵다. 화학 로켓으로 장거리 우주여행을 하기 위해서는 많은 양의 연료가 필요하다. 하지만 우주선 전체 질량에서 연료가 차지하는 비율이 높아질수록 로켓을 가속하는 데 더욱더 어려움을 겪게 되는 문제가 발생한다. 장거리 우주여행이 아니더라도 다단 추진 로켓을 사용하는 것은 바로 이러한 이유 때문이다.

로켓의 추진력(F)은 연료의 분출 속력(u)이 클수록, 단위 시간 동안 연료의 분출량이 많을수록 커진다.

$$F = u\frac{\Delta m}{\Delta t}$$

아무튼 결론은 운동량은 외력이 작용하지 않는다면, 충돌이나 분리가 되더라도 보존이 된다는 것이다. 공중에서 폭발되는 폭탄 파편의 경우 각각의 폭탄 파편이 제각각 날아가더라도 파편의 운동량을 모두 합하면 원래 폭탄이 가진 운동량과 같다.

라라와 총알의 속력

라라는 진자의 속력이 작아 단지에 구멍을 낼 수 없자 진자 위에 올라타서 진자를 흔든다.

〈툼레이더〉 라라는 고고학자인 아버지가 남겨 둔 유품 중에서 시간과 우주를 여는 열쇠를 찾아 나선다. 이 과정에서 라라는 열쇠를 손에 넣어 우주를 지배하려는 악당들과 대결을 하게 된다. 사원에서 숨겨진 열쇠 조각을 얻기 위해서 침이 달린 거대한 진자를 시간 내에 움직여야 한다. 드디어 진자를 작동시키고 침이 단지에 구멍을 낼 것이라고 다들 기대하고 있었는데, 거리가 짧아서 단지에 구멍이 나지 않는다. 이에 라라는 진자 위로 점프를 하여 마치 그네를 타듯이 힘을 주어 결국 단지에 구멍을 낸다. 라라가 진자에 점프를 하면 진자의 속력은 어떻게 될까?

충돌 전 물체의 운동량의 합은 충돌 후 운동량의 합과 같다. 따라서 라라가 진자에 점프를 하게 되면 라라의 운동량과 진자의 운동량의 합은 충돌 전후에 같아야 한다. 라라가 진자에 점프한 후에는 라라와 진자가 한 물체가 되어 같이 운동하게 된다. 라라의 운동 방향과 진자의 운동 방향이 같은 경우에는 충돌 후 진자의 속도가 증가하게 된다. 라라가 진자의 뒤에서 점프를 했기 때문에 진자에 올라타기 위해서는 진자보다 속도가 빨랐을 것이다. 영화 장면에서 보면 진자가 라라 쪽에서 잠시 멈췄을 때 올라타는 것을 볼 수 있다. 이렇게 라라가 진자에 올라타자 진자가 조금 더 많이 진동하는 것으로 봐서 속력이 증가했다는 것을 알 수 있다.

속력 측정기가 없었던 과거에는 탄동진자를 이용해서 총알의 속력을 구

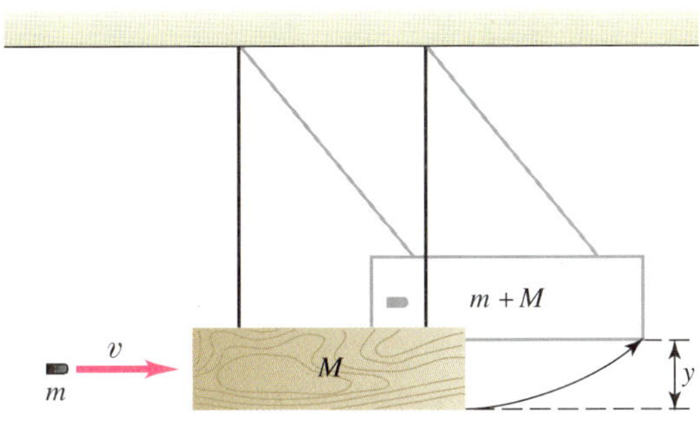

탄동진자

했다. 그림과 같이 나무토막 진자를 매달아 놓고, 여기에 총알을 쏘아서 총알의 속력을 구했던 것이다. 총알이 나무토막에 박히기 전의 운동량은 충돌 후에도 보존된다. 따라서 충돌 직후 '총알+나무토막'의 운동량은 충돌 전 총알의 운동량과 같다. 총알이 속력을 알기 위해서는 '총알+나무토막'의 속력을 알아야 하는데, 속력은 역학적 에너지 보존 법칙을 사용하면 알 수 있다. 즉, '총알+나무토막'의 운동 에너지가 '총알+나무토막'의 위치 에너지로 전환된다. 이 관계를 이용하면 '총알+나무토막'의 속력을 구할 수 있으며, 이 속력을 이용하면 바로 총알의 속력을 구할 수 있는 것이다. 이때 주의해야 할 것은 총알의 운동 에너지가 '총알+나무토막'의 운동 에너지와 같지 않다는 것이다. 운동 에너지가 보존되는 것은 완전 탄성 충돌의 경우에만 보존되며, 탄동진자와 같이 완전 비탄성 충돌의 경우에는 역학적 에너지의 일부가 열에너지와 같은 다른 형태의 에너지로 전환되기 때문에 역학적에너지 보존 법칙은 사용할 수 없게 된다.

완전 비탄성 충돌의 경우 운동량은 보존되지만 운동 에너지는 보존되지 않는다.

$$mv = (m + M)V$$

$$V = \frac{m}{m + M}v$$

$$\frac{1}{2}(m + M)V^2 = (m + M)gh$$

$$\therefore v = \frac{m + M}{m}\sqrt{2gh}$$

04
일과 에너지

힘을 들여 일을 했지만…

아들의 죽음 앞에 제정신이 아닌 왕은 아직 왕자가 살아있
는데도 그를 화장하려 한다.

〈반지의 제왕 3〉 왕은 아들의 죽음을 애도하면서 그의 시체와 함께 왕궁 깊숙이 들어간다. 이때 군사들은 왕자의 시신을 떠받들고 일정한 속력으로 걸어가고 있다. 그렇다면 군사들이 한 일은 있을까?

과학에서 정의하는 일과 일상적으로 사용하는 일의 개념은 다르다. 일상생활에서는 공부를 하거나 회사에서 업무를 본 것도 일을 했다고 하지만 과학적으로 이러한 것은 일이 아니다. 과학의 대상이 되기 위해서는 객관적 측정이 가능해야 하기 때문이다. 과학에서 일은 힘과 힘의 방향으로 이동한 거리의 곱이라고 정의한다. 따라서 과학적으로 볼 때 일은 힘이 작용하고 이동 거리가 있어야만 일을 한 것이 된다. 따라서 케이블카를 잡아당기면서 공중에 매달려 있는 스파이더맨은 아무리 큰 힘을 케이블카에 작용하더라도 이동 거리가 없기 때문에 한 일은 0이다. 따라서 벽을 아무리 힘껏 밀어도 한 일은 없는 것이다(물론 힘이 너무 세거나 벽이 부실해서 힘을 줬더니 움직였다면 한 일이 있다). 힘과 이동 방향이 같지 않을 경우에는 이동 방향으로 작용한 힘만 일을 한 것이 된다. 군사들이 왕자를 떠받치고 갈 때 그들이 작용한 힘의 방향은 중력의 반대 방향이기 때문에 힘의 방향과 이동 방향은 수직이 된다. 따라서 힘의 방향으로 이동한 거리는 없어 한 일은 0이 된다. 이러한 전형적인 예가 등속 원운동을 하는 물체로 이 경우 물체는 운동 방향과 힘(구심력)의 방향이 항상 수직이 되기 때문에 한 일이 없다.

> 물체에 힘 F가 한 일은 이동 거리에 이동 방향으로 작용한 힘을 곱한 것이다.
>
> $$W = Fs\cos\theta$$

얼마나 일을 해줘야 총알 같이 달릴 수 있을까?

〈인크레더블〉 왕년의 슈퍼 영웅 인크레더블은 이제 한물간 영웅으로 아무도 그를 기억해 주지 않는다. 역삼각형의 우람한 인크레더블의 몸매는 살찐 둔한 몸매로 바뀌고, 평범한 삶은 그를 더욱 힘들게 한다. 이러한 상황에서 인크레더블은 신드롬의 유혹에 넘어가 섬에서 잡히

대쉬가 보트로 변한 엄마를 물장구쳐서 움직이게 하고 있다.

고 만다. 인크레더블을 구하기 위해 초능력 가족인 부인과 아이들이 섬으로 잠입한다. 아들인 대쉬는 물 위를 뛸 수 있을 만큼 빨리 달릴 수 있다. 섬으로 잠입하다가 바다 위에 떨어진 가족은 엘라스티 걸이 보트로 변하고 바이올렛 파는 보트로 변한 엄마 등에 타고 있다. 그리고 대쉬는 뒤에서 엄청난 속도로 물장구를 친다. 대쉬가 엄마와 바이올렛 파에게 해준 일은 무엇으로 바뀌었는가?

대쉬가 물장구를 쳐서 보트(엘라스티 걸과 바이올렛 파)에 일을 해주게 되면 보트는 속력이 증가한다. 즉, 물체에 일을 해주면 물체의 운동 에너지가 증가하게 된다. 이렇게 보면 일은 에너지가 한 물체에서 다른 물체로 옮겨가는 과정이라고 할 수도 있다. 대쉬 몸에 저장되어 있는 화학 에너지가 근육을 통해 역학적 에너지로 바뀌고 역학적 에너지는 다시 보트를 움직이는 일을 하게 된다. 대쉬가 보트에 해준 일은 보트의 운동 에너지 증가로 이어지게 되는 것이다. 따라서 대쉬 몸속에 있는 화학 에너지가 결국 보트의 운동 에너지로 전환된 것이다. 대쉬가 보트의 속력을 두 배로 빠르게 하기 위해서는 일정한 힘으로 4배의 거리를 움직여야 한다. 또는 같은 거리에서 보트의 속력을 두 배로 올리기 위해서는 가해준 힘을 4배로 해야만 속력이 두 배로 증가한다. 물론 이러한 논의는 모두 마찰을 무시할 때 가능한 이야기이며 실제로는 마찰에 의한 에너지 손실 때문에 일을 해준 만큼 모두 운동 에너지로 바뀌는 것은 아니다.

> 물체에 일을 해주면 물체의 운동 에너지가 증가한다.
>
> $$W = \Delta E_k$$
> $$Fs = \frac{1}{2}m(v^2 - v_0^2)$$

총알이 한 일은 얼마나 될까?

〈터미네이터 2〉 저항군 지도자가 될 존 코너를 죽이기 위해 T1000은 존과 그의 어머니를 쫓아온다. T1000은 액체 합금으로 만들어져 총을 맞아도 충격만 잠시 받을 뿐 아무런 피해를 입지 않는다. 존 코너 일행은 그들을 쫓아오는 T1000을 향해 총을 쏘지만 이 괴물 같은 로봇은 몸에 구멍이 난 채로 계속 쫓아온다. 물론 총을 맞고 쫓아올 때는 속력이 잠시 줄어들기는 한다. 그렇다면 왜 총을 맞으면 속력이 줄어드는 것일까?

이것은 T1000이 놀라거나 항복하는 장면이 아니다. 총알이 그를 관통하면서 뒤쪽으로 힘이 작용하기 때문에 이러한 자세를 취하는 것이다.

총알은 빠른 속력으로 운동하고 있기 때문에 운동 에너지를 가진다. 이 운동 에너지는 T1000의 몸을 관통하면서 T1000을 운동 방향과 반대 방향으로 미는 일을 하게 된다. 즉, 총알이 T1000의 몸을 관통하면서 운동 에너지 중 일부가 마찰력에 대한 일로 바뀌는 것이다. 마찰력은 보존력이 아니기 때문에 총알의 역학적 에너지는 보존되지 않는다. 총알은 T1000의 몸을 관통한 후 속력이 줄어들게 되는데, 이 줄어든 운동 에너지로부터 총알이 받은 평균 저항력을 구할 수도 있다.

> 총알의 줄어든 운동 에너지는 총알이 T1000의 몸(Δx)에 한 일로 바뀐 것이다.
>
> $$F\Delta x = \frac{1}{2}m(v^2 - v_0^2)$$

열 받으면 괴력을 발휘한다?

⟨블레이드 3⟩ 세상의 주인은 뱀파이어다. ⟨블레이드⟩는 뱀파이어들이 어둠의 세상을 지배하는 것뿐만 아니라 실질적인 세상을 움직이는 힘이라고 이야기한다. 이러한 세상에서 뱀파이어 사냥꾼들은 힘겹게 그들과 싸우고, 블레이드(웨슬리 스나입스 분)도 그 중 한 명이다. 블레이드는 뱀파이어의 약점을 가지고 있지 않는 거의 완벽한

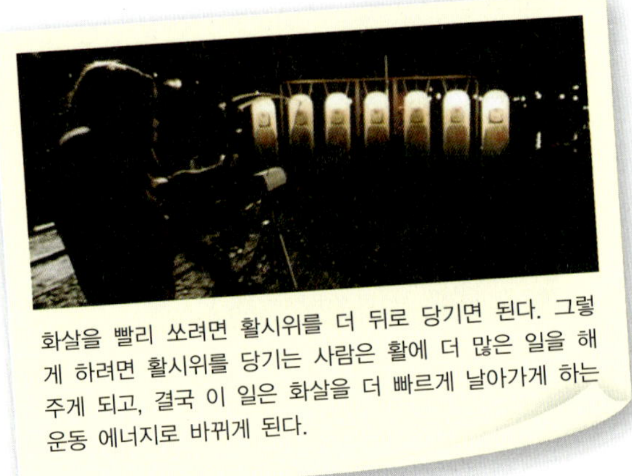

화살을 빨리 쏘려면 활시위를 더 뒤로 당기면 된다. 그렇게 하려면 활시위를 당기는 사람은 활에 더 많은 일을 해주게 되고, 결국 이 일은 화살을 더 빠르게 날아가게 하는 운동 에너지로 바뀌게 된다.

존재로 등장한다. 이러한 블레이드 때문에 뱀파이어들은 그들의 시조를 깊은 잠에서 깨우게 되고, 잠에서 깨어난 뱀파이어의 시조는 뱀파이어 사냥꾼들을 거의 몰살시켜 버린다. 살아남은 블레이드와 아비게일(제시카 비엘 분)은 복수를 다짐한다. 아비게일은 활을 사용해 뱀파이어를 제거하는데, 동료들이 죽은 것에 대한 분노로 매우 빠르게 활을 쏘고 있다. 쏠 때마다 화살의 속도가 점점 빨라지는데, 사실은 이렇게 쏘기가 쉽지 않다. 왜 그럴까?

화살을 쏘기 위해서는 활시위를 당겨야 한다. 활시위를 당기기 위해서는 활시위에 힘을 가해 뒤쪽으로 이동시켜야 한다. 따라서 활시위를 당기는 것은 힘을 가해서 물체를 이동시키기 때문에 사람이 활시위에 일을 한 것이 된다. 활시위를 당기는 일은 활시위와 활이 휘어지면서 탄성 에너지로 바뀌게 된다. 활시위와 활에 저장된 탄성 에너지는 화살이 활시위를 떠날 때까지 화살에 일을 하게 되고, 화살은 운동 에너지를 가지게 된다. 이는 쇠망치가 떨어지면서 쇠말뚝 박는 일을 할 수 있는 것과 같이 탄성체를 변형시키면 이에 해당하는 만큼의 위치 에너지가 저장되어 일을 할 수 있게 된다. 이 위치 에너지를 **탄성력에 의한 위치 에너지**라고 하며, 중력에 의한 위치 에너지와 마찬가지로 일을 할 수 있다. 탄성력은 늘어난 길이에 비례해서 증가하기 때문에 탄성 에너지는 늘어난 길이의 제곱에 비례해서 증가한다. 더 빨리 날아가는 화살을 쏘기 위해서는 활시위를 더 크게 당겨야 하고, 이렇게 하기 위해서는 더 많은 일(더 세게 잡아당겨야)을 해야 한다. 날아가는 화살은 운동 에너지를 가지며 이 운동 에너지는 바로 활의 탄성 에너지가 변한 것이다. 화살의 운동 에너지는 화살 속도의 제곱에 비례한다. 따라서 속도가 조금만 빨라져도 운동 에너지는 속도의 제곱에 비례하여 증가한다. 이 때문에 속도를 더 빠르게 하기 위해서는 활을 당기는 데 힘이 조금 더 드는 것이 아니라 훨씬 더 큰 힘을 필요로 한다. 아무리 분노에 찬 상태에서 활을 쏜다고 하더라도 화살의 속도를 눈에 띄게 증가시키기는 쉽지 않는 것이다.

> 탄성력에 의한 위치 에너지는 변형된 길이의 제곱에 비례한다.
> $$E_p = \frac{1}{2}kx^2$$

공이야? 총알이야?

〈윔블던〉 피터(폴 베타니 분)는 한 때 세계 랭킹 11위까지 올라갔지만 지금은 아줌마들을 상대로 테니스 강사 자리를 얻는 것에 만족해야 할 만큼 한물간 선수이다. 우연히 주어진 윔블던 경기 출전을 통해 세계적인 테니스 스타인 리지(커스틴 던스트 분)를 만나 사랑에 빠지게 되고, 이를 기회로 그는 생애 최고의 경기를 펼치게 된다. 하지만 결승전에서 자신감이 부족했던 피터는 빠르게 날아오는 상대 선수의 공에 끌려다니는 모습을 보여주면서 공에 손도 못 댄다. 야구 배트와 달리 타격면이 넓은 테니스 라켓으로 공을 치는 것이 그렇게 어려울까?

"테니스는 위치 에너지와 운동 에너지의 전환을 이용한 스포츠이다."라고 말하면 너무 멋없게 들리겠지만 그것은 사실이다.

〈윔블던〉은 영화 제목에서 알 수 있듯이 세계적 명성을 지닌 윔블던에서 벌어지는 테니스 경기를 소재로 한 로맨틱 코미디 영화이다. 영국은 이미 〈브리짓 존스의 일기〉와 〈러브 액츄얼리〉로 로맨틱 코미디 영화에 짭짤한 재미를 봤으며, 이번에는 테니스 경기의 박진감을 함께 느낄 수 있다.

영화상에서 피터의 상대 선수 공은 시속 144마일(약 232 km/h)로 최상급의 야구 선수 공보다 훨씬 빠르다. 세계적인 선수의 경우 공은 시속 200 km를 넘는 경우가 많으며, 이 경우 테니스 코트를 가로질러 공이 건너오는 데 0.4초도 걸리지 않는다. 이 정도면 충분히 공을 칠 수 있을 것 같지만 뇌에서 근육까지 명령이 전달되는 데 소요되는 시간이 0.2초나 걸린다는 것을 생각하면 공을 치기가 그리 쉽지 않은 것이다. 또한 자세를 잡고 근육을 움직이는 시간을 고려한다면 공을 보고 반응해서 치는 것은 어렵고, 미리 공의 위치를 예상해서 쳐야 한다. 피터의 경우 경기를 시작하면서 이미 심리적인 부담감을 가지고 있기 때문에 더욱더 공을 치기 어려운 것이다.

공이 너무 빨라 피터가 공을 놓쳐 뒤에 있던 볼보이가 부상을 당하자, 해설자는 예전의 나무 라켓을 쓰던 시절이 좋았다는 이야기를 한다. 전통적으로 사용되던 나무 라켓의 경우 무게는 350g 정도였고, 요즘의 탄소나 티타늄, 그라파이트(graphite) 재질의 라켓의 경우 250g 정도 밖에 되지 않는다. 따라서 무거운 나무 라켓보다는 신소재 라켓들로 훨씬 빨리 공을 칠 수 있는 것이다. 이뿐만 아니라 나무 라켓은 신소재의 라켓보다 무르기 때문에 공을 칠 때 많이 휘어지는 문제점도 있다. 라켓으로 공을 칠 때 순간적으로 딱딱해 보이는 라켓의 프레임도 휘어진다. 흔히 잘 휘는 것에 탄력이 있어 잘 튀게 할 것 같지만 그건 그때그때 다르다. 공이 라켓과 충돌할 때 공의 운동 에너지가 라켓 프레임의 탄성 에너지로 저장되며 이만큼의 에너지 손실이 발생하게 된다. 라켓과 공이 접촉하는 시간은 0.005초 정도로 매우 짧은데, 라켓 프레임이 휘어졌다가 다시 돌아오는 데는 이보다 많은 시간이 걸린다. 따라서 프레임이 다시 펴졌을 때 이미 공은 라켓을 떠나 버리기 때문에 라켓은 공으로부터 받은 에너지를 다시 공에 돌려주지 못한다. 그래서 많이 휘어지는 나무 라켓보다 딱딱한 라켓이 충돌할 때 탄성 에너지로 덜 바뀌기 때문에 에너지의 손실이 적어 공이 더 멀리 가게 한다. 라켓의 줄도 중요한 역할을 한다. 줄을 탱탱하게 매면 공이 더 잘 팅겨져 나갈 것 같지만 사실은 그렇지 않다. 줄이 탱탱하면 공이 많이 찌그러져 공의 변형에 에너지가 사용되기 때문에 또한 그만큼 손실이 발생하게 된다. 프로 선수들이 줄을 탱탱하게 매는 것은 공의 컨트롤을 위한 것으로 속력을 빠르게 하기 위한 것은 아니다. 마지막으로 중요한 것은 공을 라켓의 스위트 스팟(Sweet Spot)에 맞히는 것이다. 공이 맞았을 때 손에 좋은 느낌이 전해지는 바로 그 부분이 스위트 스팟이다.

> **역학적 에너지 보존 법칙**
> 탄성력만 작용할 때 탄성력에 의한 역학적 에너지는 보존된다.
> $$\frac{1}{2}mv^2 + \frac{1}{2}kx^2 = \frac{1}{2}kA^2$$

절벽 낙하 탈출 묘기의 비밀은 요요

〈캐러비안의 해적 : 망자의 함〉 잭 스패로우는 식인종들에 의해 구이가 될 뻔했지만 운 좋게도 탈출에 성공한다. 급한 나머지 묶인 줄을 풀지 못하고 꼬지 막대에 묶인 채로 달아난다. 그러다가 그만 절벽 아래로 떨어지게 된다. 이때도 운이 좋게 꼬지 막대가 절벽 사이에 걸리고 때마침 몸을 묶은 밧줄이 풀려서 마치 요요와 같이 회전하면서 내려오게 된다. 회전이 끝나자 이번에는 떨어지면서 나무다리를 뚫고 떨어진다. 절벽의 높이가 상당히 높아 보이는데, 아무리 운이 좋은 잭이라고 하더라도

높은 데서 떨어지는 사람이 살아나기 위해서는 낙하하면서 증가하는 운동 에너지를 다른 형태의 에너지로 전환시켜야 한다. 즉, 얼마만큼의 운동 에너지가 다른 형태의 에너지로 전환되는지에 목숨이 달린 것이다.

그냥 떨어졌다면 살아남을 수 없었을 것이다. 그렇다면 잭의 생존 비결은 무엇일까?

식탁 위에 있던 컵이 아래로 떨어지면 깨지는 것은 컵의 위치 에너지가 운동 에너지로 바뀌기 때문이다. 즉, 컵은 아래로 떨어지면서 점점 빨라져 바닥에 충돌하기 직전에는 위치 에너지가 모두 운동 에너지로 바뀌게 된다. 이는 컵이나 사람이나 마찬가지이다. 높은 곳에서 떨어진 사람이 다치는 것도 모두 이렇게 한 에너지가 다른 형태의 에너지로 바뀌기 때문이다. 〈뉴 폴리스 스토리〉에서 성룡은 빌딩 꼭대기에서 아무런 안전 장치도 없이 미끄러져 내려온다. 성룡이 빌딩 꼭대기에 있었을 때에는 많은 위치 에너지를 가지고 있었다. 이것이 모두 운동 에너지로 바뀌었다면 아무리 무술의 달인 성룡이라 할지라도 살아남기 어렵다. 따라서 위치 에너지가 운동 에너지로 모두 바뀌지 않게 하는 방법을 강구해야 하는 것이다. 그렇게 하기 위해서 성룡은 내려오면서 건물 유리에 힘(마찰력)을 가해서 속력을 줄이

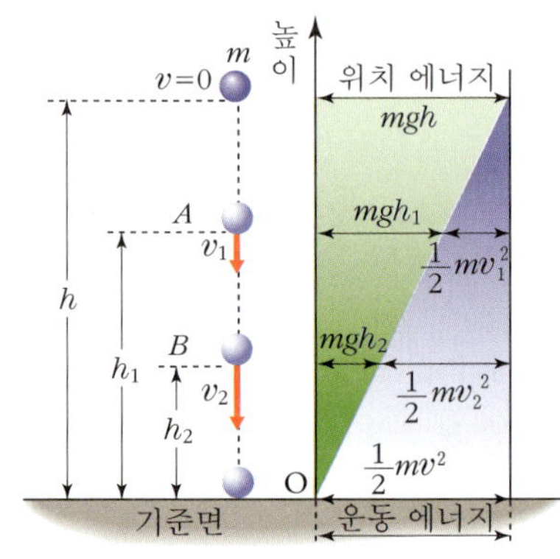

마찰이 없을 경우 감소한 위치 에너지 만큼 운동 에너지가 증가한다.

려고 하는 것이다. 위치 에너지가 운동 에너지로 모두 바뀌지 않았다면 나머지 에너지는 어디로 간 것일까? 이것은 건물 유리와 성룡 사이의 마찰에 의해서 열에너지로 바뀐 것이다. 이와 같이 마찰이 존재하는 경우에 역학적 에너지는 보존되지 않고, 에너지 보존 법칙만 성립한다. 〈배트맨 4〉에서 배트맨과 로빈이 비행기도 없이 공중에서 지상으로 무사히 내려온 비결도 마찬가지로 위치 에너지를 운동 에너지로 모두 전환시키는 것이 아니라 마찰에 의한 열에너지로 상당히 많은 에너지를 전환시켰기 때문에 무사히 내려올 수 있었다. 잭의 경우에는 위치 에너지가 운동 에너지와 회전운동 에너지로 바뀌었다. 즉, 밧줄이 풀리면서 회전운동 에너지로 위치 에너지의 많은 부분이 전환되었고, 떨어지면서 나무다리와 같은 곳에 부딪쳐 운동 에너지의 일부분이 나무다리를 부수는 일로 바뀌어서 무사할 수 있었던 것이다.

에너지 보존 법칙
에너지는 새로 생겨나거나 없어지지 않고 단지 형태만 바뀐다. 따라서 운동 에너지의 변화량 ΔE_k와 위치 에너지의 변화량 ΔE_p, 내부 에너지의 변화량 ΔE_i를 더하면 항상 0이 된다.

$$\Delta E_k + \Delta E_p + \Delta E_i = 0$$

05
열역학

극저온이란 어떤 온도일까?

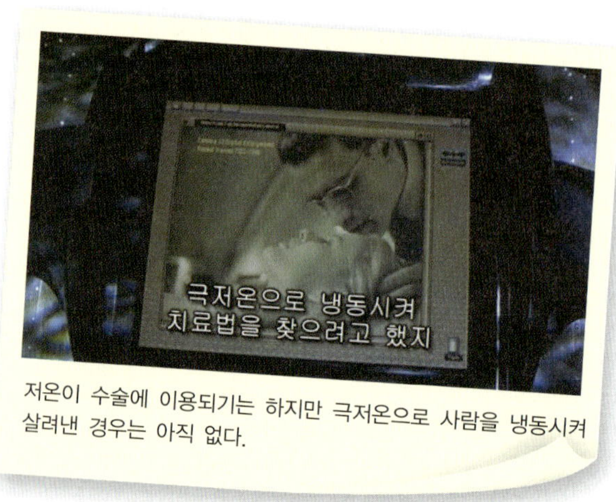

저온이 수술에 이용되기는 하지만 극저온으로 사람을 냉동시켜 살려낸 경우는 아직 없다.

〈배트맨 4〉 프리즈로 변하기 전의 빅터 프리스 박사는 노벨상을 받은 우수한 과학자였다. 그러나 부인이 맥그리그 신드롬에 걸려 죽어가자 부인의 치료를 위한 실험을 하다가 그만 영하 45도의 용액에 빠져 프리즈로 변하게 된다. 변하기 전까지 그는 부인을 극저온으로 냉동시켜 치료법을 찾으려 했다고 한다. 영하 45도면 극저온이라고 불릴 수 있을까? 극저온이란 어떤 의미가 있는 것일까?

차갑다거나 뜨겁다와 같은 온도 감각을 통해 우리는 대충의 온도를 짐작한다. 하지만 우리가 느끼는 이러한 온도 감각은 매우 주관적이기 때문에 부정확한 경우가 많다. 1690년대 영국의 철학자 로크는 사람의 온도 감각이 얼마나 틀리기 쉬운지를 잘 나타내 주는 실험을 제안한 적이 있다. 그는 찬물과 따뜻한 물에 각각 담궜던 손을 미지근한 물에 담그면 찬물에 있었던 손은 따뜻하게, 따뜻한 물에 있던 손은 차게 느낀다고 지적했다. 이런 실험을 통해 온도 감각은 주관적이기 때문에 온도에 대한 객관적인 측정 방법이 필요하게 된다. 즉, 온도라는 것은 차거나 따뜻한 정도를 객관적으로 나타낸 수치를 말한다. 온도가 다른 두 물체가 접촉해 있으면 에너지의 흐름이 발생하는데, 이 에너지가 열이다. 열의 흐름은 온도가 다른 두 물체 사이에 발생하며, 항상 고온에서 저온으로 흘러간다. 열의 흐름이 발생하게 되면 높은 온도의 물체는 온도가 내려가고, 낮은 온도의 물체는 온도가 높아지게 된다. 이러한 열의 흐름은 두 물체가 열평형 상태에 도달할 때까지 일어난다.

극저온은 말 그대로 매우 낮은 온도를 이야기한다. 일반적으로 액체 산소의 끓는점인 약 90 K 이하를 말하며, 좁은 뜻에서는 액체 헬륨(끓는점 약 4.2 K)을 사용하는 온도 범위를 가리킨다. 그러면 극저온은 과학에서 어떤 의미가 있는 것일까? 이는 물질의 온도를 낮추면 물질 구성원자들의 진동 에너지는 점점 작아지게 되

태양의 힘을 인간의 손으로 가져오기 위한 핵융합. 핵융합 발전에 성공한다면 더 이상 에너지 문제로 고민하는 일은 없을 것이다.

고, 결국에 상온에서는 전혀 볼 수 없는 현상(거시적 물성현상으로서의 양자효과와 같은 현상)이 일어나기 때문이다. 의료용 MRI 장비의 국부 냉각 장치 및 군사용 정밀센서 및 적외선 열추적 장비의 냉각 장치, 그리고 토카막(tokamak)장치 등에 사용되고 있으므로 이에 대한 기술은 주로 미국과 러시아에서 군사용 및 우주산업용으로 개발되어 왔다. 1998년의 노벨 물리학상은 극저온의 아주 강한 자기장 속에 위치한 반도체 내의 전자들이 이상한 행동을 보인다는 사실을 발견한 독일인 과학자 1명과 미국인 과학자 2명에게 수여되었다. 그후로 저온 물리학에 대한 연구가 많이 이루어지고 있다. 따라서 냉동인간의 문제는 극저온과는 좀 다른 별도의 문제인 것이다.

정말 무서운 지구 온난화?

차가운 공기가 엄습해서 생존자들을 덮친다. 생존자들은 가까스로 방안에 몸을 숨기고 문을 닫는데, 문이 이렇게 순식간에 얼어버렸다.

〈투모로우〉 이 영화는 온실 가스에 의한 지구 온난화 현상이 얼마나 무서운 결과를 초래할 수 있는지를 생생하게 보여 준다. 온실 가스에 의해 해류 순환에 영향을 주자 극지방의 차가운 공기가 갑자기 북미 대륙으로 몰려 내려온다. 이를 관찰하던 헬리콥터는 연료 탱크가 얼어버려 추락하고, 뉴욕은 온통 꽁꽁 얼어버린다. 이 영화가 많은 사람들에게 충격을 준 것은 이것이 완전한 허구가 아니라 지구 온난화에 의해 이러한 일이 생길 수 있다는 기상 전문가들의 견해 때문일 것이다. 기상 전문가들의 견해야 어쨌건 이 영화는 너무나 심한 과장을 하고 있다. 즉, 찬 공기가 마치 괴물처럼 생존자들을 따라와 얼려 버리는 것인데, 이러한 일이 가능할까?

어떤 물질의 단위 질량당 열용량을 비열 또는 비열용량이라고 한다. 공기의 비열은 0.25로 비열이 1인 물과 비교하면 4배 작다. 따라서 1 kcal의 열량으로 1 kg의 물은 1°C의 온도가 증가하고, 공기의 경우 4°C가 증가하게 된다. 비열이 작을수록 온도는 잘 변한다. '빨리 끓는 냄비가 빨리 식는다'는 속담은 바로 비열이 작은 물질의 온도 변화가 크다는 것을 나타낸다. 비열은 물질의 특성으로 물질에 따라 다르다. 물은 비열이 큰 물질이므로 바다보다 육지의 온도 변화가 심한 것이다. 일반적으로 물질들은 공급된 열량에 따라 온도가 증가한다. 즉, 온도 변화와 열량은 서로 비례하며, 이때 비례상수를 열용량이라고 한다. 하지만 모든 물질은 같은 열량을 공급 받는다고 같은 온도가 올라가지는 않는다. 1 g의 물에 1 cal이 열량을 공급하면 1°C의 온도가 올라가지만 10 g의 물에는 1 cal의 열량으로 겨우 0.1°C이 온도가 높아질 뿐이다. 따라서 공급된 열량이 같더라도 물질의 질량이 증가하면 온도 변화는 줄어들게 된다.

차가운 공기가 갑자기 밀려와도 사람이나 벽이 쉽게 얼어 버리면 안 된다. 차가운 공기가 한방 가득 있다고 하더라도 공기의 질량은 사람이 질량과 비교했을 때 절반도 되지 않는다(공기의 밀도는 1.3 kg/m³ 정도이기 때문에 방의 크기가 20 m³라고 하더라도 방안 공기의 질량은 26 kg 정도이다). 따라서 사람보다 열용량이 작은 공기가 사람의 몸에서 열을 많이 빼앗아가기 어렵다. 또한 공기의 열전도도가 낮기 때문에 몸에서 열을 빼앗아가는 데도 시간이 많이 걸린다. 따라서 차가운 공기가 몰려온다고 순식간에 사람이나 벽이 얼어 버리는 것은 할리우드 영화에서나 가능한 일이다.

어떤 물질의 비열이 c, 질량이 m, 이 물질의 온도를 Δt만큼 높이는 데 필요한 열량을 Q라고 할 때 물질의 열용량 C는 다음과 같다.

$$C = \frac{Q}{\Delta t} = mc$$

매트릭스는 어렵다

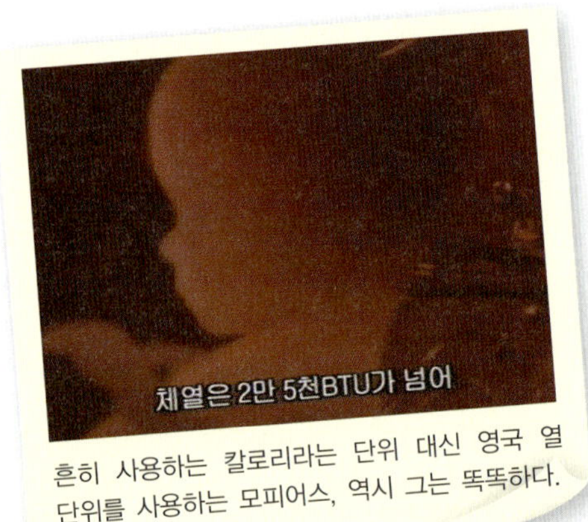

흔히 사용하는 칼로리라는 단위 대신 영국 열 단위를 사용하는 모피어스, 역시 그는 똑똑하다.

〈매트릭스〉 모피어스가 가상의 세계(매트릭스)에서 네오를 현실의 세계로 안내하면서 네오는 참혹한 2199년의 세계를 보게 된다. 이 장면에서 모피어스는 왜 컴퓨터가 인간을 필요로 하는지 설명한다. 바로 컴퓨터가 인간을 배터리처럼 사용하고 있다는 것이다. 인간은 120 V의 전기가 흐르고, 체열은 2만5천 Btu가 넘는다는 이야기를 한다. 그럼 Btu는 어떤 단위이며, 이것을 줄(Joule)이나 칼로리(cal)로 나타내면 어떻게 될까?

Btu(British thermal unit : 영국 열 단위)는 공업용 열 단위로 사용되며, 물 1파운드의 온도 $63°F$를 $64°F$로 상승시키는 데 필요한 열이라고 정의된다. 번역을 하면서인지 원래 표기인지, Btu를 BTU로 모두 대문자로 표기했는데, 이렇게 표기를 하면 틀린 것이다. 물론 사소하다고 할 수 있지만, 일상생활에서 틀린 표기들이 꾀나 많이 있다.

$$1Btu = 1,055J = 252cal$$

따라서 $25,000Btu = 26,375,000J = 6,300,000cal = 6.3 \times 10^6 cal$이다.

순식간에 얼어버리는 놀라운 파이프

〈배트맨 4〉 배트맨의 함정인지도 모르고 프리즈는 다이아몬드를 훔치러 왔다가 그만 그에게 잡혀서 갇히고 만다. 하지만 포이즌 아이비(우마 서먼 분)는 프리즈를 탈옥

시키기 위해 감옥으로 쳐들어온다. 이들이 탈출하려고 하자 경비원들이 몰려와서 꼼짝없이 감방에 갇히게 된다. 이때 프리즈는 탈출로를 만들기 위해 감방의 수도 파이프는 얼기 쉽다며 파이프를 순식간에 얼려 버린다. 그렇다면 파이프 속의 물과 파이프 중 열을 더 잘 전달하는 것은?

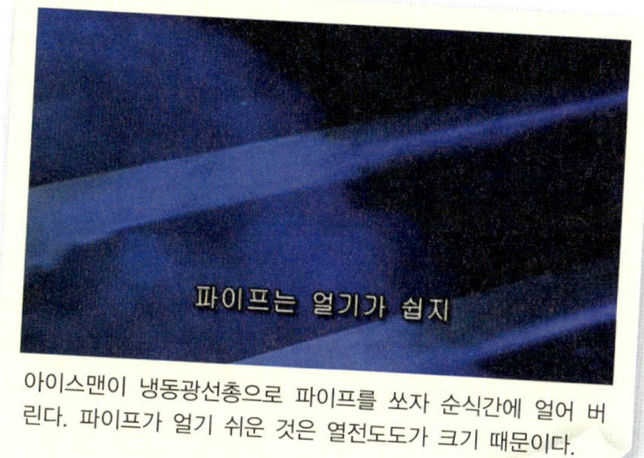

아이스맨이 냉동광선총으로 파이프를 쏘자 순식간에 얼어 버린다. 파이프가 얼기 쉬운 것은 열전도도가 크기 때문이다.

열전도(heat conduction)란 물질의 이동(대류)을 수반하지 않고 물체의 고온부에서 저온부로 열이 전달되어 가는 현상이다. 예를 들어 젓가락을 뜨거운 라면 국물 속에 넣어 두면 손잡이가 따뜻해짐을 느낄 수 있는 것은 바로 전도 때문이다. 전도는 한 물체 내에서 또는 두 물체가 접촉해 있을 때 일어난다. 액체나 기체와 같이 유체의 경우는 주로 대류에 의해 열의 이동이 일어나지만, 고체에서는 전도에 의해서 열이 이동한다.

열전도에 의한 물체 내부에서 열의 전달 속도는 물질 내부에서의 온도기울기($T_1 - T_2/L$)에 비례하지만, 물질의 종류에 따라 차이가 있다. 예를 들면, 도체인 구리나 철에서는 열도 매우 빠르게 전달되지만, 유리나 플라스틱과 같이 부도체의 경우에는 열의 전달 속도가 늦다. 이것은 열을 전도하는 정도가 물질마다 다르기 때문이다. 물질이 열을 전도하는 정도를 물체의 열전도율(k)이라 한다. 일반적으로 금속(도체)은 열전도도가 높은 열의 양도체이고, 부도체는 열전도도가 열에 대해 불량도체

> 단면적이 A, 길이가 L인 물체의 두 끝의 온도가 T_1, T_2일 때 t초 동안 이 물체를 통해 이동하는 열량 Q는 다음과 같다.
>
> $$Q = kA\frac{T_1 - T_2}{L}t$$

이다. 금속이 열전도도가 높은 것은 금속 내에 자유전자가 많기 때문이다. 즉, 금속 내부의 자유전자가 고온부에서 저온부로 열을 운동 에너지의 형태로 운반하기 때문에 열에 대해 양도체인 것이다. 또한 온도가 높아지면(저항이 증가하면이라는 이야기와 동등한 의미를 가진다) 열전도도도 낮아진다. 따라서 물보다는 쇠파이프가 훨씬 열을 잘 전달한다. 물의 열전도율은 $0.56\,\mathrm{J/m \cdot s \cdot K}$이고, 얼음은 $1.6\,\mathrm{J/m \cdot s \cdot K}$, 철은 $50\,\mathrm{J/m \cdot s \cdot K}$이다. 따라서 철은 물보다 약 90배나 열을 잘 전달한다. 만약 얼음이 열을 잘 전달한다면 겨울철이 되면 모든 호수는 얼어버릴 것이다(호수가 얼지 않는 더 중요한 이유는 얼음이 물보다 밀도가 작기 때문이다). 또한 에스키모가 이글루 속에서 따뜻하게(?) 생활할 수 있는 것은 눈과 얼음으로 만든 이글루는 단열효과가 크기 때문이다.

리지는 왜 떨고 있을까?

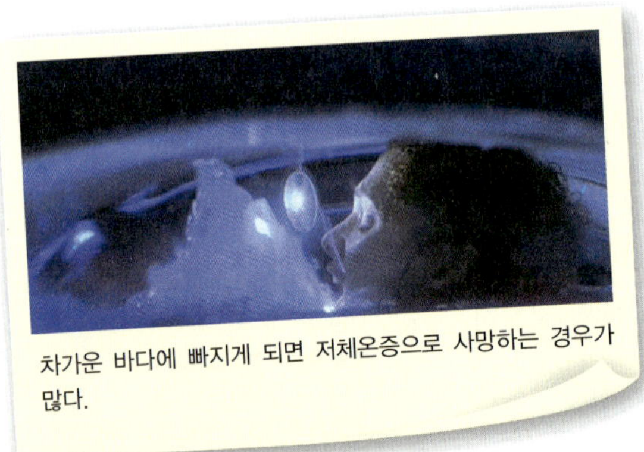

차가운 바다에 빠지게 되면 저체온증으로 사망하는 경우가 많다.

〈어비스〉 린지(메리 엘리자베스 매스트란토니오 분)는 고장 난 잠수정에 점점 물이 들어오자 공포감과 함께 밀려오는 추위로 몸을 많이 떤다. 또한 딥코어호가 사고로 난방 장치가 고장이 나 모든 승무원들이 추위에 떨게 될 것이라고 이야기 하는 장면을 볼 수 있다. 딥코어의 작업 위치가 따뜻한 카리브 해 근처라고 하는데 왜 이렇게 추위에 떠는 것일까?

카리브 해는 매우 따뜻한 곳이지만 바다 속은 차다. 해수는 대류

가 활발하게 일어나는 혼합
층에서 온도가 비교적 일정
하지만 그 아래인 수온약층
에서는 급격하게 떨어지기
때문이다. 따라서 물의 온도
는 4°C 부근으로 매우 낮다
고 할 수 있다. 이렇게 차가
운 물에 몸이 노출되면 순식

〈타이타닉〉 바닷물 밖의 온도가 더 낮겠지만 오히려 물속에 있는 잭이 더 위험하다. 이는 물속에서 더 많은 열을 빼앗기기 때문이다.

간에 열을 빼앗겨 추위를 느끼게 되는 것이다. 물은 공기보다 열전
도율이 25배나 커서 몸에서 열을 신속하게 빼앗아 가기 때문에 차가
운 바다에 빠진 사람의 대부분은 익사하기 전에 저체온증으로 사망
하는 경우가 많다. 〈타이타닉〉에서 잭을 비롯한 많은 사람들이 구명
조끼를 입고 나무판자와 같은 것을 이용해 물에 떠 있었음에도 불구
하고 사망한 것은 바로 이 때문이다. 많은 사람들이 물에 빠지게 되
면 열을 내기 위해 계속 수영해야 한다고 생각하는데, 이는 잘못된
상식이다. 움직이지 않고 가만히 있으면 몸 주위에는 체온에 의해
데워진 물이 층을 이루어 열을 덜 빼앗기게 되지만, 계속 수영하면
이 따뜻한 층이 흩어지기 때문에 훨씬 빨리 몸의 열을 빼앗기게 된
다. 재미있는 것은 이 차가운 바닷물이 린지를 고통스럽게 했지만,
그녀의 목숨을 구하는 데 도움도 준다는 것이다. 실온에서 심장이
멎어버리면 그 즉시 조직에 산소 공급이 안 되기 때문에 조직이 손
상을 받기 시작한다. 하지만 체온이 낮을 경우에는 대사율이 낮아
산소 소비량이 작기 때문에 심장이 멎어도 좀더 오래 버틸 수 있게
된다. 실지로 얼음 물속에 빠져 익사한 것으로 판단되었지만 심폐소
생술을 통해 살아난 예가 여럿 있었다. 이러한 일이 가능한 것으로

봐서 영화 속 린지의 경우도 완전히 불가능한 것 같이 보이지는 않는다.

물이 붉게 달아올랐다?

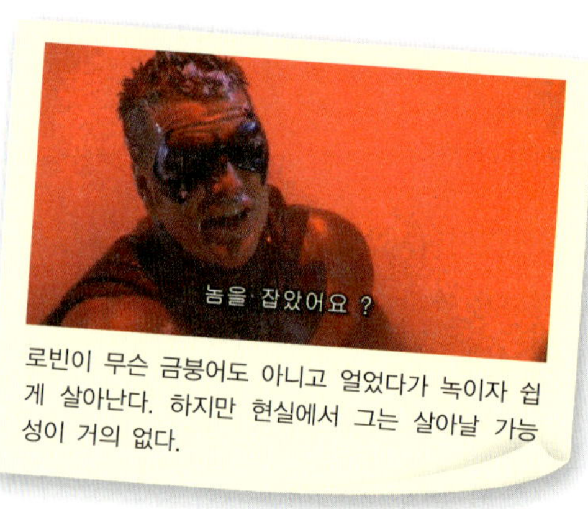

로빈이 무슨 금붕어도 아니고 얼었다가 녹이자 쉽게 살아난다. 하지만 현실에서 그는 살아날 가능성이 거의 없다.

〈배트맨 4〉 역시 젊은 로빈은 생각보다 몸이 앞선다. 배트맨의 멈추라는 말도 무시하고 프리즈를 잡으려 하다가 그만 프리즈의 냉동광선에 맞아 얼어 버린다. 11분 이내에 녹여야 살릴 수 있다는 말에 배트맨은 프리즈 추격을 포기하고 로빈을 물속에 넣어 광선총으로 물의 온도를 높이고 있다. 놀라운 것은 광선을 비추자 물이 점점 더 붉게 달아오르고 있다는 것이다. 그렇다면 물은 온도가 올라가면 붉게 변할 수 있을까?

물은 온도가 높으면 색깔이 변하기 전에 먼저 상태 변화를 하게 된다. 즉, 물이 뜨거워지면, 붉은빛을 내는 것이 아니라 액체에서 수증기로 바뀌는 것이다. 따라서 배트맨이 아무리 뜨거운 열선으로 가열한다고 해도 물이 붉게 변하지는 않는다. 이것은 쇠를 가열하면 달아올라서 빛을 내는 데서 나온 잘못된 생각이다. **빈의 변위 법칙**에 의하면 물체가 내는 빛의 스펙트럼에서 가장 강한 빛의 파장은 그 때의 온도에 반비례한다. 이 법칙은 천문학에서 별의 온도를 측정할 때 별빛을 관측해 그 별의 온도를 알아내는 데 사용된다. 즉, 붉은빛을 내는 별은 온도가

> **빈의 변위 법칙**
> 최대 에너지가 방출되는 파장은 온도에 반비례한다.
>
> $$\lambda_m T = 2.90 \times 10^{-3}\, \text{m} \cdot \text{K}$$

낮으며, 푸른색으로 갈수록 온도가 높아지는 것이다. 붉은빛을 내는 별의 온도는 약 3500 K 정도이다(이 온도에서 섭씨와 캘빈은 큰 차이가 없다). 즉, 어떤 물체가 3500 K이 되면 붉은빛을 낸다는 뜻이다. 이 정도의 온도이면 로빈은 몸이 녹자마자 익어 버렸을 것이다.

또 한 가지 지적을 한다면, 냉동이 되었다가 11분 후에 녹인다고 로빈이 쉽게 살아날 수는 없다. 살아있는 세포가 얼게 되면, 세포 내의 물이 얼면서 세포의 구조를 파괴하고 만다. 따라서 영화에서와 같이 얼었던 녀석을 다시 녹인다고 살려 낼 수는 없다. 로빈이 무슨 돼지고기도 아니고 얼렸다 녹였다 마음대로 되지는 않는다.

질서의 수호자 슈퍼맨?

〈슈퍼맨 3〉 대형 유조선의 옆구리에 커다란 구멍이 나서 바다로 기름이 흘러나가고 있다. 이렇게 난처한 상황에서 꼭 등장하는 지구의 수호자 슈퍼맨. 슈퍼맨은 바다로 흘러나간 기름을 입으로 불어서 다시 유조선의 구멍 속으로 집어넣고 구멍은 철판을 펴서 막아 버린다. 슈퍼맨이 입으로 바람을 세게 불 수 있다고 하더라

슈퍼맨은 악당들의 술책에 걸려들어 유조선에 구멍을 낸다. 이후 제 정신을 차린 슈퍼맨이 유조선에서 흘러나온 기름을 입으로 불어 유조선으로 넣고 있다.

도 이 장면은 어딘가 이상하게 느껴진다. 특수효과 기술이 서툴러 단지 필름을 거꾸로 돌려서 이 장면을 만들었기 때문이다. 그렇다면 흩어진 기름을 모으는 이 과정이 왜 이상하게 보이는 것일까?

이 장면과 달리 만약 당구공의 충돌 장면을 촬영한 후 거꾸로 돌

려 본다면 별로 이상한 것을 느끼지 못할 것이다. 당구공의 충돌은 앞뒤 어느 방향으로 진행해도 상관없기 때문에 가역적인 현상이다. 가역적이라는 것은 물리 현상이 시간에 대해 방향성이 없는 경우로 어떤 쪽으로도 사건이 일어날 수 있다는 것을 의미한다. 당구공의 충돌과 같은 탄성충돌이 전형적인 가역현상에 속하는데, 일상생활에서 탄성충돌을 경험하기는 쉽지 않다. 이와는 달리 건물이나 컵이 깨지는 것, 폭포에서 떨어지는 장면을 거꾸로 돌린다면 분명 이상하게 느껴진다. 이는 이러한 상황이 절대 일어나지 않는다는 것을 경험적으로 알고 있기 때문이다. 컵이 깨지기는 쉬워도 다시 원래의 상태로 돌아가지는 못한다. 이와 같이 한쪽 방향으로 일어나는 물리적 현상을 비가역 현상이라고 한다. 대부분의 자연현상은 비가역적인데, 자연의 이러한 방향성은 항상 무질서도가 증가하는 방향으로만 일어난다. 즉, 컵이 깨지거나 건물이 부서지는 것과 같이 무질서해지는 방향으로 사건이 일어나서 낡은 건물이 저절로 새 건물이 되는 일은 일어나지 않는다. **열역학 제2 법칙**은 바로 자연의 비가역성을 나타내는데, 흔히 **엔트로피**(무질서도) **증가의 법칙**이라고도 한다. 엔트로피가 줄어들기 위해서는 계 외부에서 일을 해 주어야 한다. 낡은 건물을 새로 보수하는 데 많은 노력과 시간을 들여 일을 해 주어야 새 건물이 되는 것이다. 하지만 이렇게 새 건물이 되기 위해서 주변에 더욱더 많은 무질서를 생성시키게 된다. 건물을 새로 보수하기 위해서 각종 재료와 건물 보수에서 나온 쓰레기 등이 발생하게 되는 것을 생각해 보면 알 수 있을 것이다. 즉, 슈퍼맨이 입으로 불어서 기름을 유조선 안으로 집어넣을 수는 있지만 흘러나올 때보다 많은 일을 해 줘야

엔트로피 증가의 법칙
온도가 T_1인 물체에서 온도가 T_2인 물체로 열량 Q가 이동했을 때 전체 엔트로피 변화 ΔS는 항상 (+)값이 된다.

$$\Delta S = Q\left(\frac{1}{T_2} - \frac{1}{T_1}\right)$$

만 기름을 모두 넣을 수 있다. 이 때문에 비가역적인 현상이 역으로 일어날 때 우리는 이를 이상하게 느끼는 것이다.

거대한 타이타닉을 움직이는 것은?

〈타이타닉〉 초대형 호화 유람선 타이타닉은 그 이름에 걸맞게 엄청난 크기를 자랑한다. 배가 크기 때문에 커다란 기관실에 장치된 엔진도 엄청나게 크다. 이러한 거대한 배 타이타닉을 움직이는 동력은 어디에서 얻은 것일까?

거대한 타이타닉호를 움직이는 기관실. 배의 이름에 걸맞게 기관실도 엄청나게 크다.

타이타닉호는 엔진에서 얻어진 동력으로 움직인다. 타이타닉호의 엔진과 같이 열에너지를 역학적 에너지로 전환시키는 장치를 **열기관**이라고 한다. 증기기관이나 자동차의 가솔린 엔진, 기차를 움직이는 디젤 엔진 등이 모두 열기관에 속한다. 발전소의 발전기도 열기관이라고 할 수 있는데, 화력이나 원자력에 의해 물을 끓여서 발전기를 움직일 동력을 얻기 때문이다. 열기관은 고온인 열원에서 열을 받아서 저온인 열원으로 열이 이동하는 과정에서 외부에 일을 하게 된다. 열을 모두 일로 바꿀 수 있다면 열기관의 효율은 100 %가 되겠지만 그러한 기관은 만들 수 없다. 효율이 100 %인 열기관을 제2종 영구 기관이라고 하는데, 열역학 제2 법칙에 위배되기 때문에 이러한 기계는 만들 수 없다. 즉, 열기관의 순환 과정을 통해 열을 모두 역학적 에너지로 바꾸지는 못한다. 이는 고온부에서 저온부로 열이 흘러가는 것은 항상 저절로 일어나는 현상으로 열기관이 외부에 일을 하는 동안 항상 일부의 열은 일을 하지 않고 그냥 흘러가 버린다. 만약 효율이 100 %인 열기관을 장착한 자동차가 만들어진다면 자동차의 엔진이 작동되고 있어도 엔진은 전혀 뜨겁지 않으며, 배기가스 또한 주변 온도와 동일해야 한다. 이러한 엔진을 만들 수 없기 때문에 스텔스기들은 배기가스를 비행기 위쪽으로 내보내 최대한 열 추적을 피하려고 하는 것이다. 실제 열기관이 가장 이상적으로 작동하여 최대 효율을 가질 때 이 기관을 **카르노 기관**이라고 한다. 카르노 기관은 이상 기체를 사용하는 기관으로 열기관이 얻을 수 있는 최대 효율값을 나타낸다. 카르노 기관에 의하면 열기관의 효율이 높아지기 위해서는 두 열원 사이의 온도 차이가 크면 클수록 좋다는 것을 알 수 있다.

열기관의 효율은 열기관의 한 순환 과정에서 흡수한 열량 Q_1에 대해 외부에 한 일 W의 비이다.

$$e = \frac{W}{Q_1} = \frac{Q_1 - Q_2}{Q_1}$$

전기와 자기

2

01
전류와 전압

핵인간을 원자력 발전소에 집어넣으면 어떻게 될까?

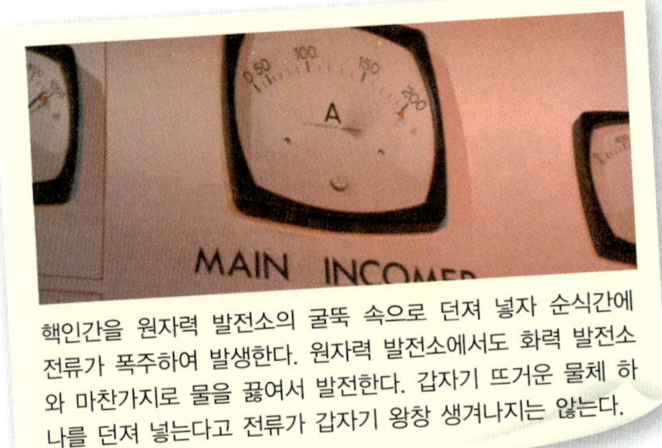

핵인간을 원자력 발전소의 굴뚝 속으로 던져 넣자 순식간에 전류가 폭주하여 발생한다. 원자력 발전소에서도 화력 발전소와 마찬가지로 물을 끓여서 발전한다. 갑자기 뜨거운 물체 하나를 던져 넣는다고 전류가 갑자기 왕창 생겨나지는 않는다.

〈슈퍼맨 4〉 슈퍼맨이 태양의 가려진 틈을 타서 핵인간을 잡아다가 원자력 발전소에 집어넣자, 갑자기 발전소 기기들의 바늘이 일제히 올라가고 있다. 이때 계기판을 보면 200 A를 가리키고 있는데, 이 정도면 어느 정도의 전류인가?

전기 현상을 일으키는 근원의 입자를 전하라고 하는데 (+)전하와 (−)전하가 있다. 물질의 기본 단위인 원자는 원자핵과 전자로 구성되어 있으며 양성자는 (+)전하, 중성자는 전기적으로 중성이다. 이때 양성자의 수와 전자의 수가 같기 때문에 원자는 전기적으로 중성이다. 하지만 마찰과 같이 어떤 이유로 전자가 이동하게 되면 물체는 전기를 띠게 된다. 전자가 양성자의 수보다 많으면 물체는 (−)로 대전되고, 전자가 빠져나가 양성자의 수보다 적으면 물체는 (+)로 대전된다. 대전된 물체를 도선으로 연결하면 전하의 흐름이 생기는데 이것이 바로 전류이다. 즉, 전류는 전기를 띤 입자가 연속적으로 이동하는 현상을 말한다. 이때 이동한 전하의 총 수를 전하량이라고 하며 단위는 C(쿨롬)을 사용한다. 가장 작은 돈이 1원이듯 전하량에도 기본 전하량이 존재한다. 기본 전하량(e)은 전자(또는 양성자) 한 개가 지닌 전하량으로 전자 한 개의 전하량은 -1.6×10^{-19} C이다. 따라서 1쿨롬은 6.25×10^{18} 개의 전자가 지닌 전하량이 된다.

전류는 전하의 흐름이기 때문에 전류의 세기는 단위 시간당 흘러간 전하량이다. 전류의 단위는 A(암페어)로 표시를 하며, 1A는 도선에 1s 동안 1C(쿨롬)의 전하가 통과할 때의 값을 의미한다. 즉, 1A의 전류가 흐르는 도선에는 1초마다 약 6.25×10^{18} 개라는 막대한 양의 자유 전자가 이동하고 있는 것이다. 따라서 200A는 1초 마다 1.25×10^{21} 개의 전자가 이동한다는 뜻이다. 그렇다면 이 많은 전자들은 어디에서 오는 것일까? 발전소에서 오는 것은 아니다. 원래 구리 도선 내부에 있던 전자들이다. 구리가 도선으로 사용되는 이유는 이동 가능한 자유 전자들이 도선 내부에 많이 있기 때문이다.

> 전류의 세기 I는 단위 시간 동안 흘러간 전하량이다.
>
> $$I = \frac{Q}{t}$$

에바가 사용하는 전선은 왜 굵을까?

〈신세기 에반게리온〉 신지와 레이는 에반게리온이라는 거대 전투 로봇을 타는 조

사도와 싸우고 있는 에반게리온. 등 뒤에 있는 선이 바로 전력 공급선이다.

종사이다. 이들은 에반게리온이라는 전투 로봇을 타고 사도라 불리는 정체를 알 수 없는 적과 싸운다. 에반게리온은 사도가 나타나면 기지에 있다가 지상으로 출격해서 전투를 하는데, 움직이는 데 필요한 동력인 전기는 등 뒤에 연결된 굵은 전선을 통해서 공급 받는다. 물론 케이블이 뽑힌 후에도 5분 정도는 동작을 한다. 그렇다면 에반게리온이 사용하는 전선이 굵은 이유는 무엇일까?

〈신세기 에반게리온〉은 1995년 안노 히데야끼 감독이 제작한 TV용 애니메이션으로 30분용 26화로 이루어져 있다. TV 방송 이후 많은 인기를 끌자 극장판이 제작되기도 했다. 기존의 로봇 애니메이션과 달리 로봇의 전투가 중심이 아니라 주인공을 중심으로 한 사람들의 이야기를 중요하게 다루고 있다. 에반게리온의 모습이나 조종 방법과 전투 형태 등이 기존의 형태를 탈피해 많은 인기를 끌었다. 에바(에반게리온의 애칭)는 등 뒤에 연결된 전원 케이블을 통해 전기를 공급 받아 작동된다. 자체 내에 축전지를 내장하고 있는지 케이블이 분리되고 난 후에도 5분 동안은 움직일 수 있다. 케이블을 보면 엄청난 굵기를 자랑하는 데, 이는 엄청난 크기의 로봇을 움직이기 위해서는 많은 전기가 공급되어야 하기 때문이라고 생각할 수 있다. 그렇다면 많은 양의 전기가 공급되기 위해서는 왜 전선이 굵어야 할까?

전류는 전하의 흐름이다. 전선은 도체로 된 구리선을 부도체인 고무가 둘러싸고 있다. 구리가 도체인 이유는 자유 전자가 많이 있어 전기장에 의해 이동할 수 있는 전자들이 많이 있기 때문이다. 즉, 이동할 수 있는 전자들이 많이 있으면 있을수록 전류는 더 잘 흐르게 된다. 도선에 전압이 걸리지 않으면 전자들은 자유롭게 전선 속을 돌아다니기 때문에 전체적으로 보면 전자는 어느 쪽으로도 이동하지 않는 것으로 보인다. 하지만 전압이 걸려 전기장이 형성되면 전자는 일정한 방향으로 가속되게 된다. 이때 전선의 굵기가 굵으면 단위 시간 동안 더 많은 전하가 이동할 수 있기 때문에 전류가 더 많이 흐르게 된다. 따라서 에바의 케이블이 굵은 이유는 더 많은 전류를 흐르게 하기 위해서이다.

전류의 세기 I는 도선의 면적 S, 길이 l, 자유 전자의 이동 속력을 v, 단위 부피 속에 들어있는 자유 전자의 수를 n, 자유 전자 1개의 전하량을 e라고 하면 다음과 같다.

$$I = \frac{Q}{t} = \frac{Slne}{t} = Svne$$

스위치를 켜면 전구가 바로 켜진다. 이는 스위치를 통해 전하들이 전구까지 순식간에 이동했기 때문이 아니다. 물론 구리 속에서 전자의 이동 속도는 약 $10^6\,\mathrm{m/s}$로 매우 빠르다. 하지만 자유 전자는 다른 전자들이나 원자핵과 초당 4×10^{13}번이나 충돌하기 때문에 평균 이동 거리는 초당 $0.01\,\mathrm{cm}$로 매우 작다. 따라서 1m의 전선을 이동하는 데에도 무려 3시간이나 걸리기 때문에 스위치를 통과한 전자가 전등에 도달하는 것은 아니다. 더구나 일반 가정에서 사용하는 전기는 교류이기 때문에 사실상 전자들은 스위치를 통과해 전구로 들어가는 것이 아니라 제자리에서 진동할 뿐이다. 스위치를

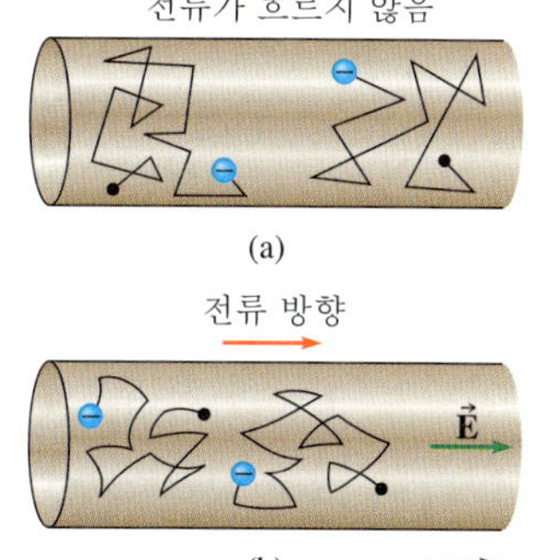

전기장($\vec{E}$)이 형성되면 전자들은 전기장과 반대 방향으로 이동한다.

켜게 되면 전기장이 형성되어 빠르게 이동하게 되며, 전기장에 의해 전구 근처에 있는 전자들이 이동해 전구에 불이 켜지게 되는 것이다. 이는 마치 수도관 속에 물이 항상 들어 있다가 꼭지를 열면 물이 바로 나오는 것과 같다.

전구의 발명자는 에디슨?

<80일간의 세계 일주> 포그(스티브 쿠건 분)는 그의 새로운 시종인 패시파토트(성룡 분)에게 자신의 저택을 구경시켜 주면서 자신의 집은 전기로 움직인다고 설명을 한다. 패시파토트는 전구를 빛이 담겨 있는 병이라며 매우 놀란다. 포그가 이것은 에디슨이라는 발병가의 발명품이라며 소개를 하는데 과연 그럴까?

이렇게 많은 백열전구를 켜기 위해서는 많은 양의 전기가 필요한데 어디서 전기를 공급받는 것일까?

이 영화의 시대적 배경은 1872년이고, 에디슨(Thomas Alva Edison)이 전구를 발명했다고 알려진 것은 1879년이기 때문에 영화 속의 전구가 에디슨의 발명품일 리는 없다. 또한 전구를 에디슨이 처음 발명했다는 것도 사실과는 다르다. 에디슨과 전구에 관한 일화도 언론과 할리우드에 의한 영웅 만들기 작업의 일환이었을 가능성이 크다. 물론 영화 속에서 포그가 에디슨이 왔다는 이야기를 듣고 그를 만나기 위해 서둘러 패시파토트를 따라가는 장면에서 알 수 있듯이 이미 에디슨은 생전에 전설적인 인물이 되어 있었다는 것은 사실이다. 그렇다고 해서 진실이 바뀔 수는 없는 노릇이다. 세계 최초의 전구는 영국의 화학자 험프리 데이비(Humphry Davy)가 만들었다. 그는 1802년 전기 실험을 하는 도중 탄소 전극의 아크 방전 현상을 발견하고 이것으로 아크등(arc lamp)을 만든 것이다. '아크'라는 이름은 이 등이 반원 모양을 하고 있었기 때문에 붙여진 이름으로 이 아크등은 너무 온도가 높고 밝아서 등대에서나 쓸 수 있었고 실내등으로 사용하기에는 적당하지 않았다. 이후 세계 각국의 많은 발명가들이 에디슨보다 앞서 많은

자속밀도의 단위인 테슬라(T)는 테슬라 코일을 발명한 천재 발명가 테슬라를 기리기 위해 붙여진 것이다.

백열전구들을 만들어 냈다. 에디슨이 만든 것보다 먼저 많은 백열전구가 만들어졌다고 해서 그의 천재적인 능력과 노력이 빛을 잃는 것은 아니다. 단지 에디슨이 다른 발명가와 다른 점은 발명 능력과 뛰어난 사업적인 수완까지 가지고 있었다는 것이다. 또 한 가지 중요한 것은 에디슨은 전구뿐만 아니라 전구에 전기를 공급할 수 있는 시스템 대부분을 생산하거나 특허를 가지고 있었다는 점이다. 이러한 상황에서 누가 천하의 에디슨에게 상대되겠는가? 이렇게 거대한 에디슨이었지만 웨스팅하우스(George Westinghouse)와의 전기 공급에 대한 사업권 경쟁에서는 대패하게 된다. 에디슨은 직류, 웨스팅하우스와 테슬라(Nikola Tesla)는 교류가 가정에 공급하기 적당한 전기라고 주장했다. 직류는 전압을 높이기가 어렵기 때문에 발전소들이 전기를 소비하는 장소 부근에 있어야 한다. 즉, 에디슨은 각 도시의 중심부에서 전기를 생산해 내는 발전소가 건설될 것이라는 상

상을 하고 직류를 고집했던 것이다. 물론 직류를 공급하게 되면 가전제품에 어댑터들이 필요 없고, 전압을 낮추어 공급함으로써 감전 사고도 줄일 수 있을 것이다. 하지만 이러한 장점보다 발전소가 도시 부근에 건설되어야 한다거나 (고전압으로 송전할 수 없어) 전력 손실이 증가하는 단점이 더 크게 작용한다. 이와 같이 직류보다 교류가 더 많은 장점을 가지고 있었기 때문에 난공불락으로 보이던 에디슨의 전기 시장을 웨스팅하우스는 서서히 잠식해 들어갔다. 이에 위기감을 느낀 에디슨은 교류가 위험하다는 비난(에디슨은 가스등을 전등으로 바꾸는 사업에서도 가스등이 위험하다고 광고를 했다)을 퍼트리기 시작했으며, 급기야는 세계 최초의 전기의자에 교류를 사용하도록 사주하기도 했다. 하지만 사형수는 쉽게 죽지 않았고 오히려 교류가 안전하다는 것을 확인시켜 주는 계기가 되었다. 프랑스에서 '기요틴 된다'라는 말이 '사형 된다'라는 의미로 사용되듯이 에디슨 측에서는 전기의자에 의한 사형을 '웨스팅하우스 된다'라는 뜻으로 사용하고 싶어 했다. 인류에게 빛과 소리를 가져다준 멘로파크의 마법사 에디슨에게 이렇게 비열한 면도 있었다.

짜릿한 맛?

〈스파이게임〉 미국의 첩보원인 톰(브래드 피트 분)은 자신이 사랑하는 여인을 구출하기 위해 예방 접종하러 온 의사로 가장해 중국의 감옥으로 몰래 들어간다. 여기서 그는 전기 기구를 잘못 만져 감전되는 소동을 일으킨다. 이것은

아무리 기름을 손에 바른다고 하더라도 전류가 흐르는 전선을 만지는 것은 매우 위험한 일이다. 역시 사랑의 힘은 위대하다.

톰이 간수들을 혼란에 빠트리면서 감옥의 전기 장치를 끄기 위한 술책이었던 것이다. 톰은 전선을 만지기 전에 손에 로션을 잔뜩 바르는데, 왜 이렇게 하는 것일까?

전류는 전압에 비례하고 저항에 반비례해서 흐르게 된다. 사람은 저항이 대단히 큰 부도체로 몸에 여간 강한 전압이 걸리지 않는다면 몸에 전류가 거의 흐르지 않기 때문에 부상을 입지 않는다. 하지만, 가정에 들어오는 전압은 충분히 높은 전압이기 때문에 손으로 만지게 되면 피부의 상태에 따라 심하면 죽을 수도 있다. 즉, 손에 땀이 많이 나 있었다면 저항이 많이 낮아져 몸에 치명상을 입힐 만큼의 전류가 흐를 수 있는 것이다. 따라서 그냥 전선을 만진다면 연기가 아니라 진짜로 죽을 수 있기 때문에 손에 찐득한 기름을 잔뜩 바르고 전선을 만지는 것이다. 물론 이렇게 하더라도 매우 위험하며 소량의 전류가 흐르더라도 근육이 한동안 마비되는 등의 증세를 겪을 수 있다.

> **옴의 법칙**
> 도선에 흐르는 전류는 전압에 비례하고 저항에 반비례한다.
> $$I = \frac{V}{R}$$

〈할로우맨〉에서는 투명인간인 케인이 동료를 죽이기 위해 쇠파이프를 내려치지만 그만 '고압 전류'라고 쓰인 배전통을 내려치고 만다(이상하게 악당들은 파이프나 칼을 내려치면 꼭 이런 일이 생긴다). 케인은 전기에 감전되어 고통을 호소하며 쓰러진다(물론 여기서 죽지는 않는다). 케인은 손에 물이 묻어 저항이 급격하게 감소한 데다 쇠파이프까지 잡고 있었으니 감전되기 딱 좋은 자세라고 할 수 있다. 하

〈할로우맨〉 케인이 휘두른 쇠파이프가 빗나가서 고압 전류라고 쓰인 배전통에 맞는다.

지만 고압선을 쇠파이프로 내려친 케인만 위험한 것이 아니라 온통 물로 가득한 주위에 있는 다른 사람도 적지 않은 충격을 받았어야 한다. 장마철 물에 잠긴 가로등 옆을 지나가던 시민이 감전사했던 것도 바로 이 때문이다. 순수한 물의 경우 전기를 통하게 하지 않지만, 우리 주위에서 순수한 물은 그리 흔하지 않다. 우리 피부 표면에는 땀을 통해 분비된 전해질들이 포함되어 있어 물이 묻었을 때는 전선이나 코드를 절대 만져서는 안 된다.

주인공은 감전되어도 다시 살아난다.

〈미션임파서블 3〉 IMF의 특수 요원인 이단(톰 크루즈 분)은 애인인 줄리아(미쉘 모나간 분)를 구해내기 위해 '토끼발'이라는 별명이 붙어 있는 물건을 훔친다. 이 물건을 가지고 악당을 찾아갔지만 이단 역시 잡히고 만다. 이단을 기절시킨 악당들은 그의 머리에 소형 폭탄을 집어넣는다. 결국 이단은 악당을 물리치는 데는 성공하지만 그의 머리에 장치된 폭탄을 제거하기 위해 위험한 모험을 한다. 즉, 자신의 몸에 전류를 흘리는 것이다. 결국 그는 감전되어 숨이 멎지만 의사인 줄리아가 그를 다시 살린다. 역시 주인공은 죽지 않는 법이다. 그렇다면 이단이 머리의 폭탄을 제거한 원리는 어떻게 되는 것일까?

머리 속에 심겨져 있는 폭탄을 제거하기 위해 몸에 전류를 흐르게 한다. 몸에 많은 전류가 흘렀지만 멀쩡하게 깨어나는 것은 주인공만의 특권이다.

이단이 줄리아를 찾은 장소는 중국이다. 중국은 가정용으로 우리와 같은 220 V 전원을 사용하고 있기 때문에 감전 사고의 위험이 크다고 할 수 있다. 이단은 자신의 몸에 전류를 흐르게 하기 전 어느 정도인지 알아보기 위해 대아에 식염수(혹은 물)를 넣고 전류를 흘려서 그 위력을 확인한다. 그리고 이를 보호하기 위해 나무 작대기를 물고 줄리아에게 스위치를 올리라고 이야기한다. 잠시후 전류가 몸에 흐르자 입에 물고 있던 작대기가 부서지고, 심한 경련을 일으킨 후 기절한다. 의사인 줄리아는 이단의 심장이 멎었다는 것을 확인하고 인공호흡과 심폐소생술을 통해 결국 이단을 살린다. 이단의 몸에 어느 정도의 전기 충격이 가해졌는지는 몸에 흐른 전류의 세기에 따라 달라진다. 일반적으로 1 mA 정도의 전류가 몸에 흐르면 좋지 않은 느낌을 받게 되지만 위험하지는 않다. 5 mA까지는 위험하지 않으며, 10~20 mA 정도의 전류가 흐르면 전기 충격에 의해 근육이 수축하게 된다. 감전된 사람이 감전된 줄 알면서도 전선을 놓지 못하는 것은 (자신의 의지와 상관없이) 근육이 수축되어 전선을 계속 쥐고 있을 수밖에 없기 때문이다. 따라서 감전된 사람을 구하기 위해서는 (신발을 신은) 발로 밀거나 막대기 같은 것으로 사람을 전선에서 분리해야 한다. 이단이 입에 물고 있는 나무 조각이 부서진 것도 전류가 흐르면서 턱 근육의 수축에 의해 부서졌다고 볼 수 있다. 이 정도의 전류가 치명적이지는 않지만 흐르는 시간이 길어지면 가슴 근육의 수축으로 숨을 쉴 수 없어 치명적이 될 수도 있다. 100 mA 이상의 전류가 흐르면 심실세동(심실의 각 부분이 무질서하게 수축하는 상태)으로 심장 마비가 오거나 호흡이 멎어버리는 경우도 발생한다. 300 mA 이상의 전류가 흐르면 화상을 입게 된다. 영화 상에서 이단은 줄리아의 인공호흡과 심장 마사지로 깨어난 후 멀쩡한 상태인 것으로 봐서 화상은 입지 않았다고 볼 수 있을 것 같다.

따라서 300 mA 이상의 전류가 흐르지는 않았다. 또한 일반적으로 220 V의 전원에 감전되었을 때 100~200 mA 정도의 전류가 흐른다 (물론 이것은 피부의 건조 상태에 따라 큰 차이를 보이며, 이단의 몸이 땀으로 젖어 있다고 가정한 수치이다). 즉, 영화 속에서는 100 mA 이상의 전류가 운 좋게도 머릿속에 장착된 폭탄으로 흘러가서 폭탄의 작동만 멈추고 뇌에는 아무런 손상도 가하지 않았다. 또한 호흡이 멎고 심장이 멎었는데도 의사 애인을 둔 덕분에 거뜬하게 다시 살아난다. 이러한 일이 불가능한 것은 아니지만 역시 불가능한 임무를 수행하는 IMF 요원들은 뭔가 달라도 다르다.

번개의 정체는?

번개는 높은 물체에 떨어지는 성질이 있다.

〈백투더퓨처〉 스포츠카 드로리안을 개조한 타임머신을 타고 과거로 가게 된 마티(마이클 J. 폭스 분). 타임머신은 플루토늄을 사용하지만 연료가 바닥나 작동을 하지 않는다. 드로리안을 다시 작동시키기 위해서는 엄청난 양의 에너지가 필요한데, 이 에너지를 공급해 줄 수 있는 것은 번개밖에 없다고 브라운 박사(크리스토퍼 로이드 분)는 말한다. 시계탑의 시계가 번개 맞는 시간을 정확하게 알고 있는 브라운 박사와 마티는 시계탑에서 번개를 끌어다가 드로리안의 동력으로 사용하려고 한다. '번갯불에 콩 볶아 먹는다'라는 말에서 영감을 얻었는지 모르지만 이들의 놀라운 아이디어가 성공해 드로리안은 미래(마티가 살고 있는 현재)로 다시 돌아가게 된다. 그렇다면 번개의 정체가 무엇이기에 에너지를 공급해 주는 것일까?

대전체가 절연을 파괴할 만큼의 전하를 가지고 있으면, 전하들은 절연체를 뚫고 방전하게 된다. 공기는 일종의 절연체로 전기가 잘 흐르지 못한다. 하지만 충분히 많은 전하들이 대전되어 있을 경우 공기를 뚫고 전하들이 흐르게 된다. 이러한 방전 현상이 대기 중에서 발생할 때 번개라고 하며, 구름에서 번개가 지면으로 떨어질 경우 낙뢰 또는 벼락이라 부른다. 번개를 본 후 얼마의 시간이 지나면 천둥소리가 들린다. 따라서 번개의 위치를 알고 싶으면 번개를 관측한 후 천둥소리가 들릴 때까지의 시간을 측정해 소리의 속력(340 m/s)을 곱하면 구할 수 있다. 천둥은 번개가 공기 중으로 방전될 때 번개에 의해 공기의 온도가 순간적으로 올라가 공기가 급격히 팽창하면서 주위의 공기를 진동시켜 발생한다. 1752년 미국의 프랭클린은 번개가 치는 날 연을 날려 번개가 전기 현상의 일종이라는 것을 밝히는 대단히 무모한(?) 실험을 수행했다. 그는 운이 좋아서 번개의 정체를 밝힐 수 있었지만, 그의 소식을 들은 다른 과학자는 동일한 실험을 하다가 번개에 맞아 죽고 말았다. 번개는 연과 같이 지면에서 돌출된 곳으로 내리꽂히는 경향이 강하기 때문에 번개 치는 날 언덕이

프랭클린은 번개가 치는 날 연을 날리고도 운이 좋아서 번개가 전기 현상이라는 것을 알아낸다.

나 높은 나무 아래에 있는 것은 대단히 위험하다. 번개가 자주 치는 골프장에는 번개 경보 시스템이 있어 골퍼들을 보호하고 있다. 넓은 그린에서 골프채를 휘두르는 골퍼는 벼락이 좋아하는 조건이기 때문이다. 아직까지 번개가 어떻게 발생하는지 명확한 이론은 없다.

단지 적란운이 발생하면서 구름의 하부는 양(+)전하로 상부는 음(−) 전하로 대전된다는 정도가 알려져 있다. 〈데이라잇〉에서는 끊어져 누전이 되고 있는 전선을 지나가기 위해 번개에 대해 중얼거리는 장면이 있다. 여기서 번개가 칠 때는 자동차 안으로 들어가야 하는데 그 이유는 차바퀴가 타이어로 되어 있기 때문이라고 이야기한다. 하지만 이는 절반만 맞는 답이다. 번개가 칠 때 자동차 안이 안전하다는 것은 맞는 말이지만 그것은 전류가 자동차 표면을 통해 지면으로 흘러가기 때문이지 자동차 타이어가 고무로 되어 있기 때문은 아니다. 즉, 전하는 도체 표면에만 분포하기 때문에 자동차 안으로는 전류가 흐르지 않는다.

하이템플러와 어둠의 황제

영화 속에 등장하는 방전을 이용한 무기들은 화려함과 함께 강력한 힘을 상징한다.

〈스타워즈 – 에피소드 3〉 드디어 정체를 드러낸 팰퍼틴(이언 맥디어미드 분) 의장은 어둠의 황제인 다스 시디어스였다. 이를 알고 제다이인 마스 윈두(사무엘 L. 잭슨 분)가 그를 잡으러 가지만 시디어스의 유혹에 넘어간 아나킨 스카이워커(헤이든 크리스텐슨 분)의 배신으로 오히려 죽음을 당하게 된다. 마스터 윈두와 시디어스의 결투에서 시디어스는 윈두에게 번개와 비슷해 보이는 전기 방전 공격을 하는데, 어떻게 이러한 일이 가능할까?

물론 다스 시디어스가 정상적인 사람이라면 이러한 일은 불가능하다. 우리가 흔히 번개 발생기라고 부르는 '반 데 그라프' 장치는 고압을 발생시켜 아크 방전이 일어나도록 한다. 대전되고 있는 반 데 그라프 장치에 손을 대고 있는 소녀의 긴 머리카락이 공포 영화에 등장하는 귀신과 같은 모습을 보이는 것은 대전체에서 전자들이 소녀의 몸으로 흘러갔기 때문이다. 소녀의 몸으로 흘러간 전자들은 최대한 서로 멀리 떨어져 있으려고 하기 때문에 머리카락 끝으로 모인다. 여기서 전자들은 서로 같은 전하를 띠고 있어 척력이 작용하기 때문에 머리카락이 서게 되는 것이다. 시디어스의 경우에도 자신의 몸에 고전압이 될 때까지 방전되지 않고 전하를 모을 수 있다면 충분히 손에서 아크 방전을 시킬 수 있다. 왜냐하면 전자는 뾰족한 부분으로 방전이 잘 되는데 손가락은 인체에서 돌출된 뾰족한(?) 부분이기 때문이다. 시디어스가 오랜 수련의 결과로 마치 축전지와 같이 전하를 모을 수 있다면 가능한 이야기인 것이다. 그렇다면 전자는 어디서 모은 것인지 궁금해 할지 모르겠다. 전자는 시디어스 자신의 몸뿐만 아니라 주변의 모든 물질에 가득하다. 단지 물질로부터 전자를 어떻게 모을 수 있는지가 바로 포스의 어두운 면을 수련한 시디어스의 능력인 것이다. 사실 우리도 어렵지 않게 시디어스의 능력을 흉내 낼 수 있기는 하다. 스웨터를 입고 몸을 열심히 문지르면 우리도 방전시킬 수 있는 전하를 몸에 축적할 수 있게 된다. 이때의 전하량은 수백 볼트에 해당하는 양을 모을 수 있다. 그럼 무기로 사용할 수 있을 것이라고 생각할지도 모르겠다. 그러면 〈스타크래프트〉의 하이템플러가 부럽지 않겠지만 아쉽게도 그것으로는 어떠한 무기도 만들 수 없다. 단지 애꿎은 컴퓨터의 하드디스크나 메모리만 망가뜨릴 뿐이다. 전압은 높지만 전하량이 작아서 전류는 미약하기 때문이다.

02
전기 에너지

아폴로 13호는 어떻게 필요한 전기 에너지를 확보할까?

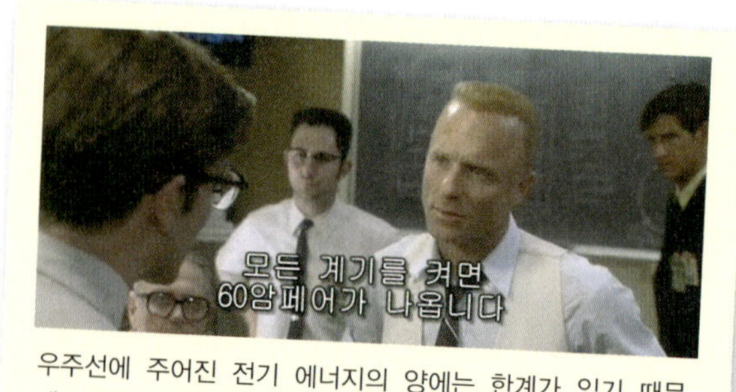

우주선에 주어진 전기 에너지의 양에는 한계가 있기 때문에 지구로 돌아올 때까지 최대한 아껴야 한다.

〈아폴로 13〉 달을 향해 날아간 아폴로 13호는 고장으로 달에 착륙은 고사하고 지구로 돌아오기도 어려운 상황에 처한다. 특히 전기 에너지가 부족하여, 우주선을 작동시키기 위한 전류를 확보할 수 없다는 것이 가장 큰 문제였다. 지구에서야 주변의 전선에서 얼마든지 전기를 공급 받을 수 있지만 우주 공간에서는 그럴 수가 없다. 이 때문에 지상의 관제 센터에서는 조종에 필요한 전기 에너지를 확보하기 위해 각종 방법을 강구한다. 그렇다면 한정된 우주선의 전기 에너지에서 어떻게 필요한 양의 전류를 얻어 낼 수 있을까?

우리는 매달 전기 요금을 낸다. 이때 전기 요금은 우리가 사용한 전압이나 전류가 아니라 전기 에너지의 양에 따라 내게 된다. 그렇다면 더 많은 전기 기구들을 사용하게 되면 왜 전기를 더 많이 사용하게 되는 것일까? 전기 기구를 더 많이 연결하더라도 전압에는 아무런 변화가 없다. 이는 전기 제품들이 회로에 병렬로 연결되어 있어 몇 개의 전기 기구를 연결하더라도 당연히 220 V가 걸리기 때문이다. 하지만 전기 기구를 많이 연결하게 되면 전체 저항이 줄어서 더 많은 전류가 회로에 흐르게 된다. 그렇게 되면 전압과 사용 시간이 같더라도 전류가 더 많이 흘렀기 때문에 결국에는 전기 에너지를 더 많이 사용한 것이 되고 따라서 요금도 많이 나오게 된다. 즉, 전기 에너지는 전압과 전류, 시간의 곱에 비례한다. 전기 에너지를 아끼기 위해 아폴로 13호에서 우주인들의 생명 유지에 꼭 필요한 장치를 제외하고는 모두 꺼버리기 때문에 우주선의 온도가 내려가 추위에 떠는 것이다. 또한 전기 에너지는 사용 시간과도 비례하기 때문에 지구 궤도에 진입하기 직전까지는 전기 기구를 작동시키지 않는 것이다.

> 전기 에너지 E는 전압 V와 전류 I, 전기를 사용한 시간 t와 비례한다.
>
> $$E = VIt$$

문손잡이를 전기로 어떻게 뜨겁게 만들었을까?

<나홀로 집에> 크리스마스 시즌에 홀로 집에 남게 된 케빈(맥컬리 컬킨 분). 집에 혼자 남게 되어 즐겁게 집에서 놀고 있었는데, 두 명의

케빈은 도둑들이 문을 열고 들어올 것을 예상하고 문손잡이에 전기프라이팬에서 떼어낸 열선을 걸어 둔다.

도둑이 집을 털려고 한다. 이에 케빈은 폭죽과 페인트, 거미 등을 이용해 도둑들을 골탕 먹인다. 이때 케빈이 이용한 것 중에는 문손잡이에 전열기구를 연결하여 손잡이를 뜨겁게 만들거나 다리미를 도둑의 얼굴에 떨어트려 얼굴에 다리미 자국을 내는 장면도 있었다. 그렇다면 전열기구나 다리미는 어떻게 열을 내는 것일까?

다리미와 같은 전열기구 내부에는 저항이 달려 있다. 자유 전자는 전기기구의 저항을 통과하면서 저항의 원자들과 충돌하여 열을 발생시킨다. 이 열을 줄열이라고 하며, 가해준 전압과 전류, 시간에 비례한다. 즉, 높은 곳에 있는 물의 위치 에너지가 낙하하면서 물레방아를 돌리는 운동 에너지로 전환되듯이 전기 에너지가 열에너지로 바뀌는 것이다. 따라서 발열량은 전압과 전류, 전류를 흘려준 시간과 비례하며, 열이 발생한 만큼 전기 에너지를 소모하게 된다. 백열전구를 오래 사용하면 필라멘트에서 증발한 텅스텐 원자가 유리 표면에 달라붙어 전구 내부에 검은 얼룩이 생긴다. 텅스텐이 증발해 가늘어진 필라멘트는 점점 저항이 증가해 전류가 작게 흘러 결국 어두워지게 되는 것이다.

> 전압 V, 전류 I, 시간 t와 발열량 Q는 다음 같은 관계가 있다.
>
> $$Q \propto VIt$$

전기를 먹는다는 의미는?

〈헐크〉 이 영화는 인기 TV 시리즈였던 〈두 얼굴의 사나이〉의 스크린 버전으로, 마블 코믹스의 만화가 원작으로 30년 이상 인기리에 연재되었다. 과학자인 브루스 배너(에릭 바나 분)는 자신의 감정을 잘 억제해야만 한다. 왜냐하면 분노를 느끼게 되

전기를 마치 물마시듯 먹는다는 것은 전기 에너지와 전하를 동일시하는 생각에서 온 발상인 듯이 보인다.

면 거대한 녹색 괴물로 변하기 때문이다. 그가 이러한 능력을 가지게 된 것은 실험실에서 치사량의 방사선에 노출되고 난 후부터이다. 브루스의 아버지 또한 엄청난 능력을 가지고 있어, 로스 장군은 이들 부자를 이용하려고 한다. 브루스의 아버지 데이비드는 브루스와 대화 도중 고압 전류가 흐르는 전선을 물어뜯고 전기를 먹고 괴물로 변하기 시작한다. 우리는 흔히 전기기구들이 전기를 먹는다는 표현을 사용한다. 그렇다면 영화 속 데이비드와 같이 전기기구들이 진짜로 전기를 먹는 것일까?

우리는 관습상 전기기구들이 '전기를 먹는다'는 표현을 사용하지만 전기기구들은 조금의 전기도 먹지 않는다. 전기기구가 먹는 것은 전하가 아니라 바로 전압이다. 전기는 전기기구를 지나는 동안 전압이 떨어지며, 이를 전압 강하라고 한다. 전압 강하가 일어나더라도 전하량에는 변화가 없다. 즉, 들어간 만큼의 전하가 전기기구를 통과한 후에도 나와야 한다. 전기 회로를 설명하기 위해 보통 교과서에 '수도관 흐름 모형'을 많이 사용하는데 이는 설명이 쉬운 반면 학생들이 자칫 전하들이 물과 같이 흘러간다는 오해를 할 수 있는 문제가 있다. 이 영화 속에서도 마치 수도관 중간에서 물을 빨아먹듯이 전선 중간을 잘라서 전기를 흡수하는 것은 이러한 오해에서 온 것이라 볼 수 있다. 즉, 전기 회로에서는 저항이 있는 곳에서 전압 강하가 일어나더라도, 전하량은 보존된다. 소모되는 것은 전기 에너지로 전기기구는 정확하게 전기 에너지를 먹는 것이다. 모든 기기들이나 동물들은 에너지가 있어야 일을 할 수 있게 된다. 또 데이비드가 마치 수도관에서 물을 먹듯이 전기를 뽑아서 먹지만, 사실 발전소에서 그에게 보낸 전하는 단 하나도 없다. 앞에서 설명한 대로 전선 속 전하의 이동 속도는 너무 느려 몇 년을 기다려도 발전소에서는 단 한 개의 전자도 보내주지 못하기 때문이다.

> **전하량 보존의 법칙**
> 들어간 전하량
> = 나온 전하량

〈판타스틱 4〉에서도 악당이 벽의 콘센트에서 전기를 뽑아 흡수하는 장면이 있는데, 가정용 전기는 공기 중에서 방전을 일으킬 만큼 전압이 높지 않다. 그래서 방전이 일어나려면 두 전선이 매우 가깝게 붙어 있을 때만 가능하다. 따라서 벽에 손을 대도 전기 방전이 일어나서는 안 된다. 물론 그의 몸에 전하가 엄청나게 많이 쌓여서 방전되는 것이라면 가능할 수 있겠지만 이때도 원하는 방향으로 방전시키기는 쉽지 않다. 이는 마치 번개가 어디로 내려갈지 경로를 예측하라는 것과 같은 것으로 번개는 뾰족한 곳을 향해 가는 성질이 있지만 그 경로는 어디를 향할지 알 수 없다. 번개는 두 지점 사이의 저항이 최저인 경로를 선택해서 이동하는데 이 경로를 어떻게 알겠는가?

심장을 되살리는 전기

〈미션임파서블 3〉 이단은 일선에서 물러나 요원을 훈련시키는 일을 한다. 자신이 훈련시킨 요원이 함정에 빠져 적에게 잡히자 약혼식 날 애인 몰래 요원을 구출하러 간다. 힘들게 요원을 구출했지만 요원의 머리에 폭탄이 장치되어 있어 이를 제거하지 않으면 요원이 죽고 만다. 이에 이단은 제세동기를 동원하여 구하려고 한다. 마음은 급하지만 제세동기가 충전되기를 기다리다가 그만 폭탄이 작동되어 요원이 죽고 만다. 그렇다면 병원에서 흔히 사용하는 제세동기는 어떤 원리로 작동되는 것일까?

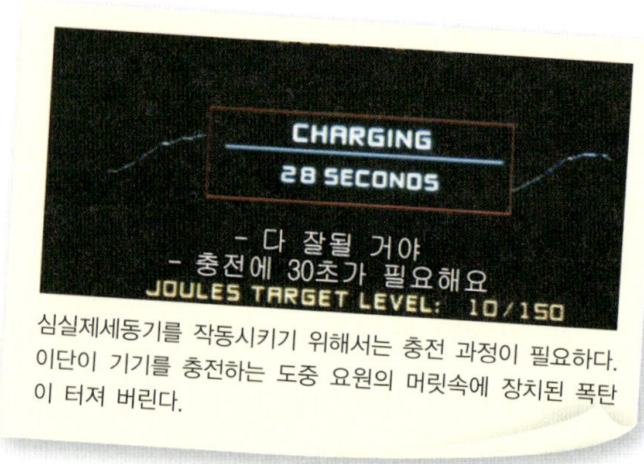

심실제세동기를 작동시키기 위해서는 충전 과정이 필요하다. 이단이 기기를 충전하는 도중 요원의 머릿속에 장치된 폭탄이 터져 버린다.

영화에서 의사가 심장마비 환자에게 사용하는 기계가 바로 심장제세동기(defibrillator)이다. 흔히 심장제세동은 '전기 충격'이라고 부르기도 하는데, 이 장치로 환자의 심장에 전류를 흐르게 하기 때문이다. 심장 마비가 아니더라도 심장세동이라 하여 심장이 불규칙하게 뛰면 전기 충격을 주어 심

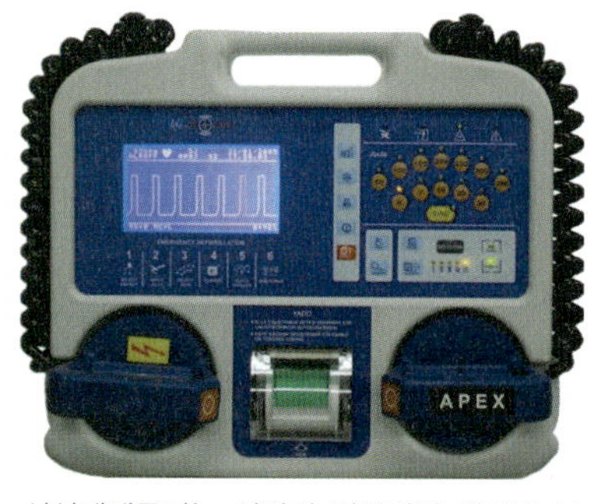

심실제세동기는 심장이 멎어버린 환자를 살리는 데 필수적인 장비이다.

장의 심근 전체를 탈분극 되도록 하여 심장 작용을 정상으로 회복되게 한다. 가슴에 가져가는 손잡이의 네모난 판을 패들(paddle)이라고 부른다. 패들에 전류가 잘 흐를 수 있게 젤리를 칠한 후 삐 소리가 날 때 환자의 가슴에 대고 방전용 스위치를 누르게 되면 축전기에 저장된 전기가 환자의 심장으로 흐르게 된다. 일반적으로 성인의 경우 200~300J 정도의 전기 에너지를 충전하여 방전시킨다. 드라마 〈외과의사 봉달희〉에서도 200J로 하라는 이야기는 바로 제세동기 내부에 있는 축전기에 200J의 전기 에너지를 충전하라는 뜻이다. 축전기(capacitor)는 콘덴서(condenser)라고도 부르는데, 전기 위치 에너지를 저장하기 위한 장치이다. 즉, 절연층으로 분리된 두 개의 도체에 전하를 저장하는 것이 바로 축전기이다. 서로 다른 종류의 전하는 서로 인력이 작용하기 때문에 분리시키기 위해서는 일을 해 주어야 한다. 이때 두 종류의 전하를 분리시키기 위해 한 일이 바로 축전기에 전기적 위치 에너지로 저장되는 것이다.

축전기의 전기 용량(C)은 전하량(Q)을 전압(V)으로 나누어 준 값으로 단위는 F(패럿, farad)을 사용한다. 1F은 1C(쿨롬)의 전하를 주었을 때 1V의

도체판에 저장된 전하량 Q는 두 도체판 사이의 전위차 V에 비례한다.

$$Q = CV$$

전압이 형성되는 전기 용량을 말한다. 하지만 이 단위는 일상에서 사용하기에는 너무 큰 단위이기 때문에 보통 1 F의 10^{-6}배인 $1\,\mu$F(마이크로패럿)을 많이 사용한다.

공룡을 막아 내는 전기 담장

공룡들이 관람용 전기 자동차에 접근하는 것을 막기 위해 전기 울타리를 쳐 두었다.

〈쥬라기 공원〉 쥬라기 공원은 호박 화석에서 추출한 공룡의 DNA로 공룡을 복원해 꾸며 놓은 곳이다. 쥬라기 공원을 만든 해몬드 회장은 이곳이 과연 안전한지 시설을 보완할 점은 없는지 점검하기 위해 개장을 앞두고 몇몇 사람들을 초대한다. 공원을 관람하는 데는 전기 자동차가 사용되며, 공룡은 전기 울타리 안쪽에 갇혀 있어 밖으로 나오지 못한다. 과연 전기 울타리는 한쪽 전선에만 닿아도 전기가 흐를까?

소들이 목장을 벗어나지 못하게 하기 위해 전기 울타리를 쳐 놓는 경우가 있다. 이 전기 울타리도 전선이 한 가닥임에도 불구하고 한 번 감전되어 본 소들은 전기 울타리 근처에 가려고 하지 않는다. 이때 한쪽 전원은 전선과 연결하고 다른 쪽은 땅에 묻어 둔다. 만약 소가 울타리의 전선에 접촉하게 되면 전선과 소와 땅을 지나는 경로의 회로가 형성되고 소는 감전되게 되는 것이다. 물론 소가 죽을 만큼 높은 전압은 아니고 소가 놀라서 뒤로 물러설 정도의 전압을 걸어 둔다. 이때 전압은 전선과 지면 사이의 전위 차이를 말한다. 즉, 전압은 두 지점 사이의 전위 차이를 말하는 것으로 특정 지점의 전압이라는 말은 성립하지 않는다. 가정용 전기의 전압이 220V라고 하는 것은 (+)극과 (−)극 사이의 전위 차이가 220V라는 의미이며, 한쪽 전선 자체가 220V라는 뜻은 아니다. 공룡을 아무도 직접 보지 못했기 때문에 어느 정도의 전압이 필요한 것인지 모르지만, 쥬라기공원의 전기 담장의 경우에도 목장의 전기 울타리와 마찬가지 방법으로 연결되어 있을 것이다.

놀이공원에서 볼 수 있는 범퍼카는 전기로 움직인다. 범퍼카 천정에 보면 철망이 처져 있고 범퍼카 뒤쪽에 있는 막대 끝에는 전선이 설치되어 있어 철망에 닿는다. 운전 요원이 범퍼카를 작동시키면 전선과 철망이 닿는 부분에는 불꽃이 튀는 것을 볼 수 있는데, 이러한 현상은 철망에 전기가 흐르기 때문에 생긴다. 그런데 범퍼카 뒤쪽에 전선이 하나 밖에 없기 때문에 이를 통해 전기를 공급받는 다고 생각하기 쉽지만 전기는 전선 하나만 가지고는 전류가 흐르지 못한다. 범퍼카를 타는 바닥을 자세히 보면 철판으로 이루어져 있다는 것을 알 수 있을 것이다. 범퍼카의 전선이 철판 바닥과 닿아 있는데 범퍼 때문에 이 전선이 잘 보이지 않는다.

03
전류에 의한 자기장

자석 모자를 쓴 악당들의 최후

〈스파이키드 2〉 이 영화는 첨단 장비를 동원해 악당을 물리치는 스파이 가족들의 이야기이다. 파티에 나타난 이상한 복장의 웨이터들은 모두 악당들이다. 파티는 엉망이 되고 원하는 물건을 훔친 악당들은 순식간에 하늘로 날아가 버린다. 그들이 비행접시로 날아오를 수 있었던 것은 바로 상공에 떠 있던 비행접시의 자석으로 머리에 장치된 자석모양의 모자를 끌어당겼기 때문이다. 그렇다면 악당들이 머리에 쓴 모자가 자석이라면 이러한 일이 가능할까?

자석이 장착된 비행접시에 의해 마치 사람이 장난감 끌려가듯 비행접시에 붙어 버린다.

〈마스터 앤드 커맨더〉에서 잭 오브리 선장(러셀 크로우 분)은 배의 위치를 확인하고 항로를 결정하기 위해 나침반을 살펴본다. 나침반의 자침은 자석으로 만들어져 있으며 일정하게 북쪽을 가리키는 성질 때문에 그 당시 항해를 위한 필수품이었다.

〈스파이 키드 2〉에서 머리에 자석 모자를 쓴 악당들이 끌려가는 것은 **자기력** 때문이다. 물론 자기력은 끌어당기는 힘만 있는 것이 아니고, 같은 극일 경우에는 서로 밀어내는 힘이 작용하기도 한다. 〈엑스맨〉의 매그니토(자석 발전기라는 뜻이지만, 자석 인간 정도로 생각하면 됨)는 금속을 마음대로 움직일 수 있는 초능력을 가진 인물로 묘사된다. 매그니토가 금속을 마음대로 움직일 수 있는 것은 그가 자기력을 조종할 수 있기 때문인데, 이러한 능력은 영화상의 이야기일 뿐이다. 한때 숟가락, 다리미 등을 자기 몸에 붙이고 자석 인간이라면서 초능력자 행세를 한 사람이 있었다. 그러나 이것은 사람 몸과 물체 사이의 마찰력을 이용한 것이지 자기력과는 상관이 없는 것으로 밝혀 졌다. 자석과 마찬가지로 전기를 띠고 있는 물체 사이에도 힘이 작용하는데, 이 힘을 전기력이라고 한다. 전기에는 (+) 전기와 (−) 전기가 있는데, 같은 종류의 전기끼리는 서로 미는 힘이, 다른 종류의 전기끼리는 끌어당기는 힘이 작용한다.

흔히 철은 자석에 붙는다고 많이 알고 있지만 더 정확하게는 자석에 붙는 것은 자석이라고 해야 정확하다. 철이 자석에 붙는 이유는 철 원자들이 자성을 가지고 있기 때문이다. 철끼리 붙지 않는 것은 이러한 자성을 띤 철 원자들이 무

〈엑스맨〉에는 다양한 돌연변이 초능력자들이 등장하는데, 돌연변이와 초능력은 아무런 상관이 없다. 아무튼 매그니토는 금속을 마음대로 움직일 수 있는 능력을 가지고 있다.

질서하게 배열되어 있어 전체적으로 자성이 나타나지 않기 때문이다. 철이나 니켈, 코발트와 같은 강자성 물질들은 자석이 가까이 가면 무질서한 배열이 규칙적으로 바뀌어 순간적으로 자석의 성질을 가진다. 그래서 자석에 붙는 것이다. 그렇다면 철과 같은 강자성체가 자성을 나타내는 이유는 무엇일까? 이는 원자핵 주변을 돌고 있는 전자들에 의해 자기장이 만들어지기 때문이다. 전류가 흐르는 도선 주변에 자기장이 형성되듯이 원자핵을 도는 전자는 마치 전류와 같은 효과를 낸다. 악당들이 쓴 모자가 만약 자석이라면 주변의 철을 끌어당기거나 다른 악당과 서로 붙고 밀어서 제대로 행동하기 어려울 것이다. 하늘로 끌려 올라갈 정도로 강력하기 때문에 그들의 활동에 불편을 주었을 것이다. 하지만 악당들끼리 서로 붙지 않는 것으로 봐서 그들의 모자는 자석이 아니며 비행접시에서 강력한 자기장으로 이들을 끌어올렸다고 볼 수 있을 것이다. 영화 속에서는 마치 그들의 모자가 모두 N극만 있고 비행접시는 S극이 있어 끌어당기는 듯한 인상도 준다. 하지만 자기 홀극(N극이나 S극만 존재)은 아직 발견되지 않았다. 자석은 아무리 쪼개도 N극과 S극이 함께 존재하며 N이나 S극만 존재하는 자석은 없다. 악당들이 네오디뮴 자석과 같이 강력한 영구 자석에 의해 끌려 올라가지는 않았을 것이다. 만약 이렇게 된다면 그들은 점점 가속되어 비행접시에 붙기 직전에는 엄청난 속도를 가지게 되어 충돌하게 되면 목이 부러지는 것과 같은 사고를 당할 것이다. 따라서 안전하게 그들은 붙여 올리기 위해서는 정밀하게 조종되는 전자석으로 끌어올려야 한다.

입자 가속기는 어떻게 입자를 가속시킬까?

〈터미네이터 3〉 터미네이터 시리즈
는 기계들과 인간의 전쟁을 그린 영
화이다. 전편에서 강력한 액체 로봇
인 T1000이 존 코너를 죽이는 데
실패하자 한층 더 강력해진 T-X(크
리스타나 로큰 분)를 보낸다. 이에
반란군에서는 존 코너와 케이트 브
루스터를 보호하기 위해 구형 터미
네이터인 T101을 다시 보낸다. 역
시 T101과 존 코너는 강력한 T-X

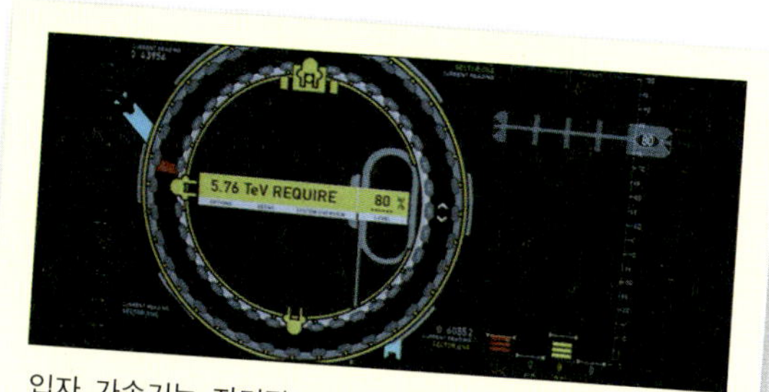

입자 가속기는 자기장 속에서 하전 입자를 가속시키는 장
치이다. 입자 가속기를 통해 가속된 입자는 다른 입자와
충돌하게 된다.

에게 적수가 되지 못하여 계속 도망을 다닌다. 존과 케이트는 입자 가속기가 작동되
자 T-X가 끌려가 붙어 버리는 바람에 겨우 탈출에 성공한다. 입자 가속기가 작동되
자 T-X가 끌려가 붙은 이유는 무엇일까?

입자 가속기는 말 그대로 입자(전자나 양성자)를 가속시키는 장치

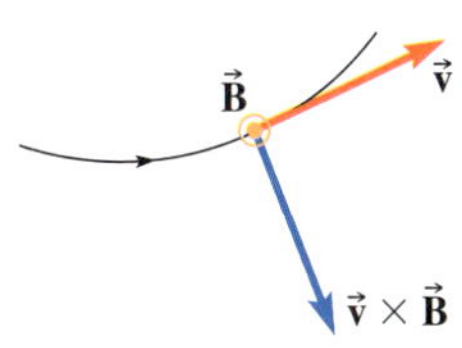

거품상자(Bubble Chamber)속 하전 입자의 움직임이 고사리손처럼 나선을 그리며 흔적
을 남겼다. 이는 자기장 속에서 움직이는 전하입자는 전자기력을 받기 때문이다.

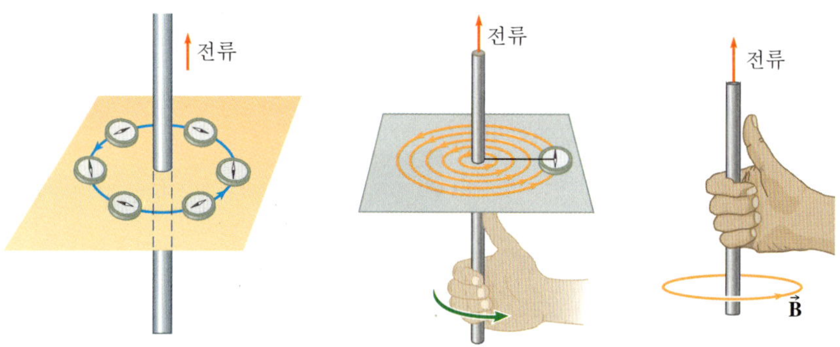

직선 전류에 의한 자기장. 도선을 중심으로 동심원 모양의 자기장이 생긴다.

를 말한다. 이렇게 가속시키는 이유는 원자핵이나 소립자의 구조를 연구하는 데는 큰 에너지를 가진 입자가 필요하기 때문이다. 전자나 양성자를 가속시키는 원리는 간단하다. 자기장 속에 전류가 흐르는 도선은 힘을 받는데, 이 힘을 전자기력이라고 한다. 자기장 속에서 전기를 띤 입자도 전류와 마찬가지로 힘을 받는데 이 힘을 로렌츠 힘이라고 한다. 로렌츠 힘도 자기장 속의 전류가 받는 힘과 마찬가지로 오른손을 펴서 네 손가락으로 자기장의 방향을 가리키고, 엄지 손가락은 대전 입자의 운동으로 발생하는 전류의 방향을 가리키면 손바닥에서 올라오는 방향이 바로 로렌츠 힘의 방향이 된다. 입자 가속기는 바로 이러한 로렌츠 힘을 이용하여 입자를 가속시킨다. 전자기력은 일상생활에도 많이 이용되는데 제일 많이 사용되는 것이 바로 전동기다. 전동기는 영구 자석 속에 전류가 흐르는 코일이 회전할 수 있는 구조로 되어 있다. 자기장 속에 놓인 전류가 흐르는 도선이 힘을 받는 것은 전류가 흐르는 도선 주변에 자기장이 형성되기 때문이다. 자석끼리 서로 끌어당기는 인력이나 밀어내는 척력이 작용하

> **직선 전류에 의한 자기장**
>
> 직선 전류에 의한 자기장의 세기 B는 전류의 세기 I에 비례하고 도선으로부터 수직 거리 r에 반비례한다.
>
> $$B = k \frac{I}{r}$$
>
> $$k = 2 \times 10^{-7}\,\text{N/A}^2$$

듯이 전류가 흐르는 도선에 의해 형성된 자기장과 자석의 자기장에 의해 힘이 작용하는 것이다. 나침반 위에 도선을 올려놓고 전류를 흘리면 나침반 바늘이 움직이는 것도 전류가 흐르는 도선 주변에 자기장이 형성되었기 때문이다. 전자기력은 자기장과 전류의 방향이 수직일 때 가장 크다. 따라서

> 전자기력의 크기는 자기장의 세기 B와 전류의 세기 I, 자기장 속에 들어 있는 도선의 길이 l에 비례한다.
>
> $$F = B I l \sin \theta$$

입자 가속기의 입자의 운동 방향과 자기력의 방향이 수직이 되도록 장치한다. 입자 가속기의 일종인 사이클로트론은 양성자를 가속하여 양성자 빔을 만들어 낸다. 사이클로트론은 부피가 작아 병원에서 의료용 방사능 동위 원소를 만드는 데 사용된다. 하지만 사이클로트론으로는 입자 물리학에서 필요로 하는 고에너지 입자를 얻을 수 없다. 이 때문에 거대과학이라 불리는 현대 입자 물리학에서는 싱크로트론을 사용한다. 싱크로트론은 1 km 이상의 반지름을 가지는 거대한 가속기다. 가속기의 성능은 가속시킨 입자의 에너지로 표시하는데 전자볼트(electron volt, eV)를 사용한다. 1 eV는 1개의 전자가 전위차 1 V인 전극 사이에서 가속될 때 얻는 에너지를 말한다. 1 eV는 1.602×10^{-19} J의 에너지와 같은 양으로 대단히 작은 물리량이다. 1940년대의 입자 가속기는 100 MeV(메브라 읽고 1 MeV=10^6 eV이다) 이하의 수준이었으나 최근에는 영화 속에서 보는 것과 같이 TeV(10^{12} eV) 수준까지 와 있다. 2007년에 완성될 예정인 유럽 핵 연구연합(CERN)의 거대강 입자

〈스파이더맨 2〉 'electron volt'를 번역하는 사람이 전기볼트로 번역한 것 같다. 하지만 이는 틀린 번역으로 전자볼트라고 해야 옳다.

가속기(Large Hadron Collicer)는 길이가 27 km에 이르는 엄청난 규모를 자랑한다. LHC는 세계에서 가장 강력한 입자 가속기로 14 TeV의 에너지를 갖는 양성자간의 충돌 실험이 가능할 것이라고 한다.

위대한 자석의 힘?

전자석을 만들어 문 밖의 손잡이를 잡아당기고 있다. 하지만 문손잡이와 문이 같은 재질로 되어 있다면 손잡이를 잡아당기기 어렵다.

〈할로우맨〉 드디어 힘들게 전자석을 만들어서 냉동실의 문에 대고 밖에 있는 손잡이를 끌어당긴다. 쉽지는 않았지만 굳게 닫혔던 냉동실의 문은 열리고 역시 주인공은 죽지 않는다는 할리우드의 법칙이 얼마나 강력한지 실감할 수 있게 된다. 그렇다면 과연 왜 이러한 일이 할리우드 영화에서만 가능한 것일까?

자석이나 전류가 흐르는 도선 주위에는 자기장이 형성되며, 이에 따라 자기력이 미치는 공간이 형성된다. 이때 전류의 세기에 변화가 없으면 자기장은 도선으로부터의 거리에 반비례한다. 자기장은 전기장과 달리 완전히 차폐할 수 없다. 하지만 철판과 같은 물체에 가로막히면 철판을 따라 자기장이 형성되기 때문에 반대편은 자기장의 영향을 크게 받지 않는다. 책받침 위에 클립과 같은 철 조각을 올려놓고 아래에서 자석을 움직이면 클립이 자석을 따라 움직이지만 철판 위에서는 잘 움직이지 않는다.. 하지만 네오디뮴자석으로 얇은 철판 위에 클립을 놓고 움직여 본다면 신기

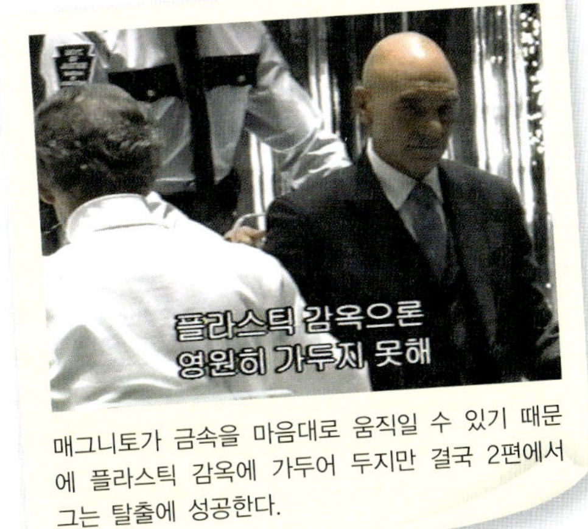

솔레노이드에 의한 자기장. 솔레노이드 내부에서 자기장의 방향은 오른손을 사용하여 전류의 방향으로 코일을 감아질 때 엄지손가락이 가리키는 방향이다.

하게도 클립은 움직인다. 문방구에 파는 일반적인 막대자석과 네오디뮴자석은 자력에 있어 상대가 되지 않는다. 이럴 경우에는 철판이 있어도 뒤쪽으로 자기장의 영향을 받지만 이것도 두꺼운 철판에 대고 해 보면 잘 안 움직이는 것을 관찰할 수 있다. 따라서 불쌍하게도 영화에서와 같이 냉동실

> **솔레노이드에 의한 자기장**
> 솔레노이드 내부에 형성된 자기장의 세기 B는 전류의 세기 I와 단위 길이당 감은 수 n에 비례한다.
> $$B = k''nI$$
> $$k'' = 4\pi \times 10^{-7}\,\text{N/A}^2$$

문안에서 전자석으로 밖의 손잡이를 움직이려고 하다가는 주인공은 냉동인간이 되고 말 것이다. 물론 주인공을 위해서 문은 부도체, 손잡이만 도체로 만들었다면 가능할 수도 있겠지만.

플라스틱 감옥

〈엑스맨〉 드디어 엑스맨의 활약으로 악당 매그니토(이안 맥켈런 분)의 음모는 실패로 끝나고 그는 플라스틱 감옥에 갇히게 된다. 왜냐하면 그는 자기장과 금속을 마음대로 조종하는 능력이 있기 때문이다. 이에 매그니토는 플라스틱 감옥으로는 자신을 영원히 가둘 수 없을 것이라는 말을 한다. 이 대사는 속편을 염두에

매그니토가 금속을 마음대로 움직일 수 있기 때문에 플라스틱 감옥에 가두어 두지만 결국 2편에서 그는 탈출에 성공한다.

둔 것이며, 1편의 성공에 힘입어 2편과 3편도 개봉되었다. 2편에서 매그니토는 외부의 도움으로 탈출한다. 하지만 플라스틱 감옥이라면 외부의 도움 없이도 매그니토는 탈출할 수 있어야 한다. 왜 그럴까?

어떤 물리량이 공간에서 위치의 함수로 주어졌을 때, 이 공간을 장(field)이라고 한다. 쉽게 이야기하면 어떠한 힘이 공간에 영향을 주게 되었을 때 그 힘의 영향을 받는 공간이 장이다. 그 힘이 중력이면 중력장, 전기력이면 전기장, 자기력이면 자기장이라고 부른다. 물체를 구분할 수 있는 방법은 여러 가지가 있겠지만, 외부 자기장의 영향에 따라 물체를 구분해 보면 강자성체, 반자성체, 상자성체로 나눌 수 있다. 쉽게 이야기하면 철과 같이 자석에 강하게 끌리면 강자성체, 알루미늄과 같이 자석에 거의 끌리지 않으면 상자성체, 금이나 구리와 같이 매우 강한 자석을 가져가면 오히려 밀리는 것을 반자성체라고 부른다. 상자성체와 반자성체는 자석에 매우 약하게 반응하기 때문에 비자성체라고 부르기도 한다. 매그니토는 금속을 마음대로 할 수 있기에 플라스틱 감옥에 넣었다. 철판으로는 자기력선을 막을 수 있겠지만, 구리와 알루미늄 그리고 플라스틱과 같은 물질은 자기력선을 막을 수 없다. 즉, 이러한 물질은 비투자율(자기력선이 투과할 수 없는 정도)이 공기나 진공 상태와 같이 낮아서, 자기력선을 거의 막지 못한다. 그래서 우리는 책받침 위에 철가루를 놓고 자석을 가져가면 자기력선의 모양을 볼 수 있는 것이다. 따라서 플라스틱 감옥 속에 있는 매그니토는 감옥 밖의 금속을 움직여서 얼마든지 감옥을 부수고 빠져나갈 수 있다. 또한 매그니토가 매우 강력한 자기장을 형성할 수 있다면, 상자성체와 반자성체도 마음대로 움직일 수 있어야 한다.

04
전자기 유도

정말 힘든 공연

〈레모니 스니켓의 위험한 대결〉 화재로 부모를 여의게 된 보들레르 가의 아이들에게 불에 타 버린 집과 유산이 남았다. 하지만 성인이 되기 전까지는 유산을 사용할 수 없으며, 매우 먼 친척인 올라프 백작(짐 캐리 분)이 아이들을 돌보게 된다. 하지만 올라프 백작은 오로지 유산밖에 관심 없는 사악한 인물로, 결국에는 바이올렛(에밀리 브라우닝 분)과 결혼하여 재산을 가로채려고 한다. 결혼을 위해 공연을 열었는데, 공연장에 조명을 밝히기 위해 백작의 부하가 자전거를 열심히 탄다. 이렇게 하면 어떻게 전기가 만들어지는 것일까?

올라프 백작의 연극에 필요한 전기를 공급하기 위해 그의 부하가 자전거를 열심히 타고 있다.

영국의 화학자이자 물리학자인 패러데이는, 실험화학과 전자기학에 많은 업적을 남겼다. 그의 크리스마스 강연집인 《양초의 과학》은 아직도 교양 과학서로 손색이 없는 좋은 책이다.

전기를 만들어 내는 장치를 발전기라고 하며, 지금 사용되고 있는 발전기는 전자기 유도 현상을 이용한 것이다. 전자기 유도 현상은 코일 속에 자석이 움직이거나 자석 주위에서 코일이 움직이게 되면 코일에 전압이 유도되어 전류가 흐르는 현상이다. 즉, 자석과 코일의 상대적인 움직임이 코일에 전류를 흐르게 하는 것으로 이때 코일에 흐르는 전류를 유도 전류라고 한다. 전자기 유도 현상은 1831년 영국의 패러데이에 의해 발견되었는데, 그는 '전류가 주변에 자기장을 형성한다면 자석도 전류를 만들 수 있을 것이다'라는 생각을 가지고 실험을 한 끝에 이것을 알아낸 것이다. 코일에 더 큰 전압이 유도되게 하려면 코일을 많이 감거나 자력이 센 자석 또는 자석이나 코일의 운동 속도를 빠르게 하면 된다(패러데이의 법칙). 이때 유도된 전

> **패러데이의 법칙**
> 전자기 유도에 의해 코일에 유도되는 전압 V는 코일을 감은 수 N과 시간에 따른 자속 변화에 비례한다.
>
> $$V = -N\frac{\Delta\phi}{\Delta t}$$

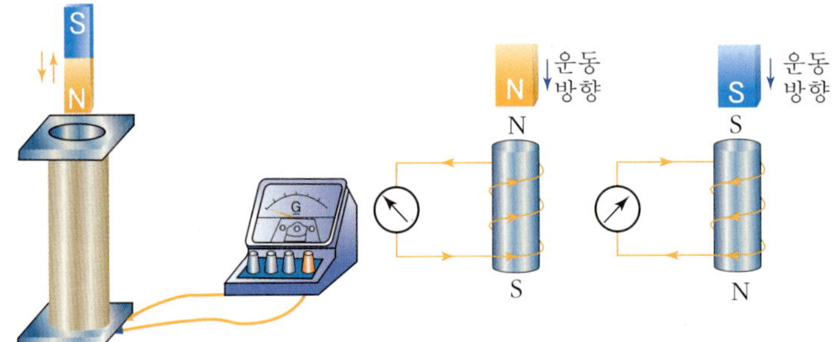

전자기 유도. 전자기 유도에 의해 코일에 흐르는 전류는 자석의 운동을 방해하는 방향으로 흐른다.

류는 항상 코일이나 자석의 움직임을 방해하는 방향으로 발생한다 (렌츠의 법칙). 이 장면에서 자전거 페달을 밟음으로 영구 자석 속에서 코일이 회전하게 되고, 코일에 전류가 흘러 공연에 필요한 전구를 켤 수 있게 되는 것이다. 발전소에서는 거대한 자석 속에서 코일을 빠른 속력으로 회전시켜 전류를 얻는다. 이때 코일을 회전시키는 힘을 어디에서 얻는가에 따라 화력 발전이나 수력, 원자력 발전 등으로 구분할뿐 원리는 모두 전자기 유도 현상을 이용한 것이다.

지금 땅속에서 뭘 찾는 것일까?

〈한반도〉 남한과 북한이 역사적인 경의선 철도 개통식을 거행하려는 순간 일본의 방해로 행사는 연기된다. 일본은 경의선에 대한 권리가 자기들에게 있기 때문에 이를 허락할 수 없다는 것이다. 이에 대통령은 대한민국의 국익을 수호하기 위해 진짜 국새를 찾기로 결심한다. 사학자인 최민재(조재현 분) 박사는 국새를 찾기 위해 금속 탐지기 팀까지 동원한다. 그렇다면 탐지기는 어떤 원리를 이용한 것일까?

땅에 묻힌 국새를 찾기 위해 금속 탐지기를 동원하여 수색을 하고 있다.

공항이나 중요한 건물의 출입구에 세워진 금속 탐지기나, 지하에 묻힌 금속을 찾아내는 금속 탐지기 모두 전자기 유도 현상을 이용한 것이다. 공항의 금속 탐지기에는 전류가 흐르는 코일이 있다. 이 코일 사이로 금속 물체를 가지고 통과하려 하면 금속에 전류가 발생하게 되고, 전류는 다시 코일에 영향을 주기 때문에 경보가 울리는 것이다. 즉, 코일에 흐르는 교류 전류는 금속에 변화하는 전류를 흐르게 하고, 변화하는 전류는 변화하는 자기장을 만들어 코일에 영향을 주는 것이다. 이는 세워둔 금속 탐지기나 휴대용 금속 탐지기나 원리는 마찬가지이다. 회전시키면 불이 들어오는 킥보드 바퀴나 요요 또한 전자기 유도 현상을 이용한 것이다.

갑자기 터진 변압기

변압기는 고압 전류를 가정에서 사용할 수 있는 전압으로 낮추는 역할을 한다.

〈아는 여자〉 이 영화는 조용하지만 많은 재미를 선사하는 조금 독특한 영화이다. 동치성(정재영 분)은 한때 잘나가던 프로야구 투수로, 지금은 별 볼일 없는 선수이다. 이러한 치성을 10여 년 전부터 짝사랑해온 바텐더 한이연(이나영 분). 어느 날 동치성은 애인에게 차인 후 급기야 시한부 판정까지 받는다. 두 사람 사이에 사랑이 싹트고 결국 사랑을 알리는 신호로 변압기가 터진다. 참으로 절묘한 우연의 일치다. 그렇다면 변압기는 무엇에 쓰는 물건일까?

변압기는 교류의 전압이나 전류를 변화시키기 위한 장치로 철심에 코일이 감겨 있는 구조로 되어 있다. 1차 코일에 전류를 흐르게 하면 2차 코일에 전기 유도 현상에 의해 유도 기전력이 발생한다. 이때 코일의 감은 수를 변화시키면 전압을 다양하게 변화시킬 수 있다. 발전소에서 전기를 생산해 송전을 하게 되면 전기 저항에 의한 손실이 발생하게 된다. 이러한 손실을 줄이기 위해서는 전선을 굵게 만들어 저항을 줄이면 되지만 이는 비용이 많이 들어 무턱대고 전선을 굵게 만들 수는 없다. 전압을 높여 송전할 경우 전선에 흐르는 전류가 줄어들어 전력 손실이 줄어든다. 따라서 발전소에는 고압으로 송전하게 된다. 이러한

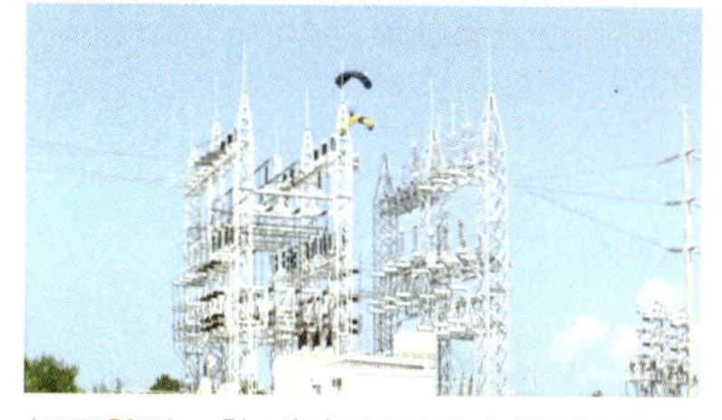

〈고공침투〉 한 패러글라이더가 악당들의 공격으로 변전소로 날아가고 있다.

고압전류는 가정에서 사용할 수 있도록 변전소에서 전압을 낮추는 것이다. 변압기를 이렇게 간단히 이야기했지만 전기의 역사에 있어 변압기는 아주 중요한 역할을 했다. 앞서 이야기한 에디슨과 웨스팅하우스의 대결에서 웨스팅하우스에게 승리를 안겨다 준 것이 바로 변압기였기 때문이다. 에디슨은 송전 손실을 줄이기 위해 저항을 작게 해야 한다는 것을 잘 알고 있었다. 그래서 그는 전기선을 구리로 만들고 전기가 필요한 도시 내부에 발전소를 건설했다. 또한 통제 가능한 높은 전압으로 송전했다. 이렇게 에디슨이 노력했음에도 불구하고, 테슬라가 만든 변압기는 에디슨의 직류보다 교류가 송전에 효율적임을 보이기에 충분했던 것이다. 교류는 발전소를 도시 밖에 건설하더라도 변압기를 통해 송전 손실을 줄이고 송전할 수 있었기

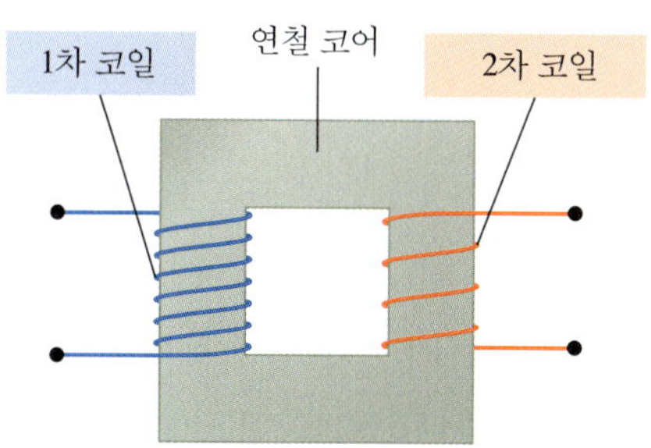

변압기의 원리. 1차 코일과 2차 코일의 감은 수를 변화시키면 다양한 전압과 전류를 얻을 수 있다.

전력 손실이 없을 경우 입력 전압과 출력 전압의 비는 코일 감은 수의 비와 같다.

$$V_1 : V_2 = N_1 : N_2$$

때문이다. 물론 이렇게 해도 송전 손실은 50 %가 넘기 때문에 더 효율이 높은 변압기와 저항이 작은 전선 재료를 찾기 위해 연구를 하는 것이다. 변압기는 TV에도 사용되는데 그 이유는 전자를 스크린으로 가속하는 데 가정용 전압보다 훨씬 높은 전압이 필요하기 때문이다.

파동과 입자

3

01
파동의 발생과 전파

공기 방울이 무엇을 만들었을까?

잔잔한 수면에 물방울이 떨어져야만 물결파가 생기는 것이 아니라 공기 방울이 올라와도 물결파는 생긴다.

〈마이너리티 리포트〉 존 앤더튼 반장(톰 크루즈 분)은 자신의 결백을 밝혀내기 위해 자신의 부하들로부터 도망 다니는 신세가 된다. 어디를 다니든 홍채 검사를 통해 위치가 탄로 나기 때문에 앤더튼 반장은 안구를 불법 시술 받게 된다. 수술 직후에 경찰의 정찰 로봇인 스파이더들이 들이닥친다. 아직 붕대를 풀 수 없는 앤더튼 반장은 욕조 속에 숨는데 그의 코에서 공기 방울 하나가 올라가 수면에 물결파를 만들고 만다. 이에 스파이더가 달려와 그에게 전기 충격을 가하며 홍채를 확인한다. 공기 방울 하나가 엄청난 일을 벌인 것이다. 이때 발생한 물결파는 주변으로 무엇을 전달하게 될까?

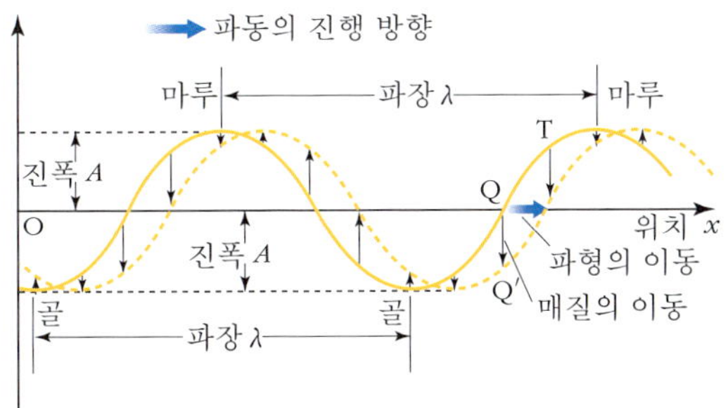

파동의 진행. 파동이 진행하더라도 매질은 제자리에서 진동만 한다.

파동은 공간 내의 한 지점에서 생긴 진동이 물질을 따라 퍼져나가는 현상을 말한다. 영화 속에서와 같이 파동이 만들어진 지점을 파원이라 하고, 물과 같이 파동을 전달하는 물질을 매질이라고 한다. 물결파의 경우 물은 아래위로 진동하고 파동은 진동 방향과 수직인 방향으로 전달된다. 이와 같이 매질의 진동 방향과 파동의 진행 방향이 수직인 파동은 횡파(고저파)라고 하며, 진동 방향과 진행 방향이 나란한 경우에는 종파(소밀파)라고 한다. 전자기파는 횡파, 음파는 종파에 해당한다. 물결파의 경우에는 물, 음파의 경우에는 공기와 같이 파동을 전달하는 매질이 필요하지만 빛의 경우에는 매질이 필요 없다. 따라서 음파는 우주에서 전달이 안 되지만 빛은 진공 상태의 우주를 가로질러 전달될 수 있는 것이다. 파동이 진행하는 동안 진동의 중심에서 골이나 마루까지의 거리를 진폭이라고 한다. 마루에서 다음 마루까지 또는 골에서 다음 골까지의 거리를 파장이라고 한다. 또한 파동이 1초 동안 진동한 횟수를 진동수라고 하며, 단위로는 Hz(헤르츠)를 사용한다. 파동이 1회 진동하는 데 걸린 시간은 주기라고 하며 진동수와 역수 관계가 있다. 파면의 모양에 따라서도 파를 나눌 수 있는데, 영화 속의 물결처

> 파장을 λ, 주기를 T, 진동수를 f라고 하면 파동의 속력 v는 다음과 같다.
>
> $$v = \frac{\lambda}{T} = f\lambda$$

럼 파면의 모양이 구의 형태인 파동을 구면파라고 하며, 파면이 직선이나 평면인 파동을 평면파라고 한다. 지구가 편평하게 보이듯 구면파는 파원에서 멀어지게 되면 파면이 거의 편평하게 보인다.

파동이 전파되어 갈 때 매질은 이동하지 않는다. 물결파에서도 파원에서 파동이 전파될 때 물은 제자리에서 아래위로 진동만하고 이동하지는 않는다. 이때 전달되는 것은 에너지이다. 지진에 의해 발생하는 쓰나미는 엄청난 파동 에너지로 해안 마을에 심각한 피해를 입히기도 한다. 〈딥 임팩트〉에서는 바다에 떨어진 운석에 의해 엄청난 크기의 쓰나미(메가쓰나미)가 발생해 뉴욕이 물에 잠겨 버린다.

파동의 세기는 진동수의 제곱, 진폭의 제곱에 비례한다. 따라서 파도의 높이가 2배라면 에너지는 4배가 되는데, 영화 속 파도의 높이는 자유의 여신상을 덮을 만큼이기 때문에 그 에너지는 상상을 초월하게 된다.

> 파동의 세기는 진폭의 제곱과 진동수의 제곱에 비례한다.
>
> $$I \propto A^2 \times f^2$$

제다이의 광선검을 만들 수 있을까?

스타 워즈에서 가장 인상적인 광선검. 광선검이 멋있기는 하지만 실전에서는 별 쓸모없는 무기다.

〈스타 워즈〉 이 영화는 단순한 별들의 전쟁 이야기가 아니라 제다이라는 기사들의 모험을 그린 서사극이다. 루카스 감독은 일본의 구로자와 아키라 감독의 영향을 받으면서 영화 속에 해적이나 중세 기사들의 결투 장면을 넣고 싶어 했다. 란슬롯과 같은 중세

기사의 모험을 광활한 우주로 옮겨 놓기 위해 필요한 것이 바로 기사들의 무기인 광선검이다. 강력한 광선 무기가 난무하는 시대에 중세의 기사들이 쓰던 칼을 넣을 수 없었기 때문에 레이저 무기를 막아낼 수 있는 광선검이 필요했던 것이다. 그렇다면 제다이의 광선검은 만들 수 있을까?

루카스 감독은 광선검이 엄청난 에너지를 가진 무기였기 때문에 초창기 시리즈의 경우에는 두 손으로 광선검을 다루게 했다. 광선검의 소리는 음향 효과를 담당했던 벤 버트가 영사기 소리와 TV브라운관에서 나는 소리를 이용해서 만들었다. 그리고 편집 과정에서 진공청소기나 얼음 부딪혀 깨지는 소리와 같은 것을 첨가했다. 이렇게 해서 탄생한 광선검은 정신적인 면을 강조하는 제다이 기사와 잘 어울려 영화상 가장 널리 알려진 소품이 되었지만, 몇 가지 문제가 있다.

빛은 직진한다. 따라서 광선검이 레이저 광선으로 만들어졌다면 그 길이가 무한정 길어져야 한다. 또한 영화 속 화려한 모습의 검과는 달리 검을 작동시켜도 검의 빛은 보이지 않는다. 레이저 광선과 같이 빛의 진행 경로는 중간에 산란시키는 물질이 없다면 보이지 않기 때문이다. 더욱더 중요한 사실은 빛을 이루는 광자는 서로 영향을 주지 않기 때문에 이것으로 불꽃 튀는 검술을 펼칠 수 없다는 것이다. 물론 광선검이 꼭 레이저 광선으로 만들어질 필요는 없지만, 영화 속에 보이는 광선검의 이미지는 분명 레이저의 이미지를 차용한 것이다.

어떤 인터넷 포털 사이트에서는 광선검 제작에 대해 많은 토론이 벌어지기도 했는데 분명한 것은 광선검이 레이저로 만들어졌다면 그러한 검은 만들어질 수 없다는 것이다. 그것은 앞서 이야기한대로 빛의 특성에 기인한 것이기 때문에 기술의 발달 여부와 상관없이 불가능한 것이다. 만약 레이저로 만든다면 손오공의 여의봉과 같이 엄청나게 긴 검이 될 것이다. 영화 속에서와 달리 모양이 달라지거나 플라스마와 같이 광선이 아니라 다른 형태의 에너지를 사용하여 광선검을 만들 수 있을지도 모른다. 가스 토치와 같이 강력한 가스 분출과 함께 연소를 시킨다면 강력한 불의 칼을 만들 수도 있을 것이다. 여하튼 여러 가지 형태의 광선검이 만들어질 수 있을지는 모르지만 제다이와 같이 특별한 능력이 없다면 총과 같은 원거리 무기 앞에서 그리 훌륭한 무기라고 보이지는 않는다.

놀라운 음파 무기 사자후

'심금을 울리는 가락'에서 '심금(心琴)'은 외부 자극에 의해 미묘하게 움직이는 마음을 뜻한다. 하지만 여기서는 미묘하게 움직이는 것이 아니라 사람을 죽일 수 있는 강력한 가락을 선보인다.

〈쿵푸허슬〉 1940년대 중국 상하이는 도끼파의 도끼날에 공권력마저 굴복 당해 세상은 그들의 것이다. 이렇게 무시무시한 도끼파는 별 볼일 없어 보이는 돼지촌을 접수하고자 하지만 오히려 그곳에서 강호의 고수들을 만나 고전을 면치 못한다. 이에 그들은 떠돌이 형제 킬러 '심금을 울리는 가락'을 고용하여 그들을 제거하고자 한다. '심금을 울리는 가락'이 고수들을 거의 제거했다고 생각하는 순간 파자마 바람의 집주인 아주머니의 놀라운 무공이 드러나는데, 사실 그녀는 전설 속의 무공인 '사자후'의 달인이었던 것이다. 그렇다면 사자후의 정체는 무엇일까?

본래 무협 영화라는 것이 어느 정도 과장이 포함되기 마련이지만,

〈소림축구〉에서 주성치가 보여준 것은 황당함 그 자체였다. 〈쿵푸허슬〉도 그러한 주성치 만의 영화관이 잘 나타난 영화이다. 그동안 그의 영화가 일부 마니아층에서 즐기는 B급 영화로 취급된 것과 달리 〈쿵푸허슬〉은 흥행에도 성공한다. 이 영화는 정통 쿵푸와 CG의 결합을 통해 만화 같은 장면들이 볼거리이다. 또한 도끼파 등장 모습에서는 〈매트릭스〉, 도끼파의 폭죽 신호는 〈배트맨〉을 연상케 한다.

　거문고를 튕기는 '심금을 울리는 가락'과 소리를 질러 공격을 하는 '사자후'는 모두 음파 무기에 속한다고 할 수 있을 것이다. 사자후는 말 그대로 해석하면 '사자의 울부짖는 소리'라는 뜻을 가지고 있지만, 불가에서는 '악마를 귀의시킨 부처의 설법'의 뜻으로 사용된다. 또한 영화 속의 집주인 아주머니와 같이 남편에게 고함을 지르는 것도 사자후라고 하기도 한다. 물론 거문고를 튕기거나 사람이 소리를 질러 이렇게 치명적인 공격을 할 수는 없다. 하지만 미국의 샌디에이고에 있는 아메리칸 테크놀로지(AT)에서 개발한 '장거리 음파 기기(LRAD : Long Range Acoustic Device)'라 불리는 장치는 음파를 이용한 무기이다. 미국은 2004년 이 장치를 이라크에 배치했다고 한다. 빛을 증폭시킨 레이저처럼 이러한 음파 무기는 소리를 증폭시킨 것으로 무려 150 dB(데시벨, 소리의 크기를 나타내는 단위로 0 dB는 1 cm²에 1억분의 1 W의 소리이다)의 소음을 발사할 수 있다. 이 장치에서 발생하는 소음은 총소리(일반적인 소총에서 발생하는 소음이 120~130 dB 정도)보다 무려 100배 정도 큰 소리인 것이다. 이 정도 소리는 귀와 더불어 피부로도 느낌이 올 정도로 강력하다. 이러한 소음에 장시간 노출되면 청각 장애뿐만 아니라 자칫하면 청력을 상실할 수도 있다. 이러한 무기들은 지향성을 가지게

> 구면파의 파동의 세기는 거리의 제곱에 반비례한다.
> $$I \propto \frac{1}{r^2}$$

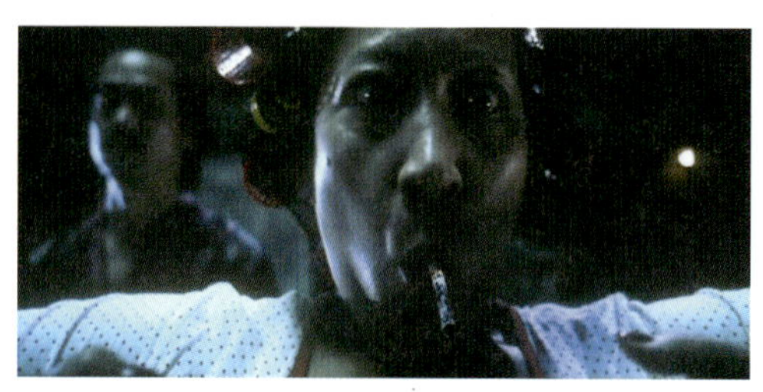

〈쿵푸허슬〉 사자후를 사용하기 직전의 모습

만들어 파동의 거리가 멀어지더라도 크게 줄어들지 않지만 우리 목소리는 거리가 멀어지면 급격하게 소리의 세기가 줄어든다. 지향성을 가지는 평면파의 경우에는 거리가 멀어져도 파동의 세기는 일정하지만 우리 목소리와 같은 구면파는 거리의 제곱에 반비례하기 때문에 파동의 세기가 급격하게 줄어드는 것이다.

무림 최고수인 '야수'에게 '사자후'가 통하지 않자, 종을 사용하여 공격을 한다. 종이를 깔때기 모양으로 말아서 이야기를 하면 크게 들리는 현상을 이용한 것이다. 물론 이렇게 한다고 소리가 증폭되는 것은 아니다. 단지 소리를 퍼지지 않고 한쪽 방향으로 보내기 때문에 크게 들릴 뿐이다. 소리와 같은 파동은 거리의 제곱에 비례해서 그 세기가 약해지는데 한쪽 방향으로 소리를 모아서 보내면 세기가 거의 일정하게 된다. 어떤 연구에 의하면 호랑이 울음소리 중 낮은 주파수의 소리가 멀리까지 전파되어 동물의 근육을 얼어붙게 할지도 모른다고 하는데, 사자후도 그런 것일까?

02
파동의 반사와 굴절

반사의 법칙을 모르면 죽는다?

〈미션임파서블 3〉 '토끼발'을 손에 넣기 위해 악당들은 이단과 그의 애인 줄리아를 붙잡아 놓고 있다. 이단은 머리에 폭탄이 장치된 상황에서도 악당 오웬 데이비언(필립 세이모어 호프만 분)을 죽이는 데 성공한다. 하지만 머리의 폭탄이 폭발하면 죽기 때문에 줄리아에게 총 사용법을 가르쳐 주고 감전되어 쓰러진다. 악당 두목은 죽었지만 부하들이 총을 들고 나타나자 줄리아는 급히 몸을 숨기고 스테

줄리아는 스테인리스 판에 비친 악당의 모습을 보고 몸을 숨긴다. 악당도 조금만 주의를 기울였다면 판에 비친 줄리아의 모습을 볼 수 있었을 것이다.

인리스 수레에 비친 적의 모습을 보고 총을 쏜다. 그렇다면 줄리아만 악당을 볼 수 있고 몸을 숨기고 있는 줄리아의 모습은 악당에게 보이지 않는 것일까?

직진하던 빛이 다른 매질을 만나 되돌아오는 현상을 파동의 반사

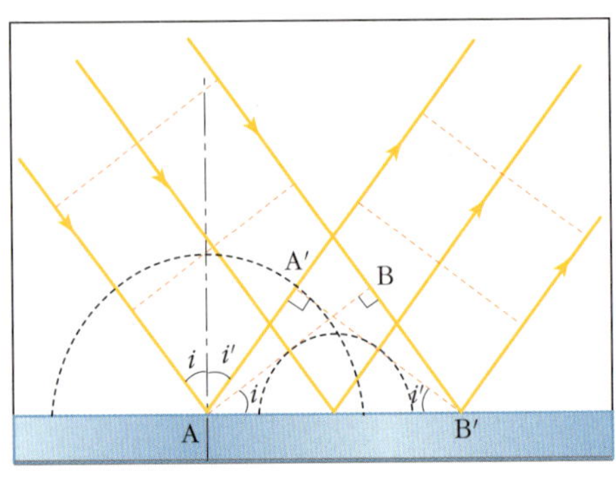

파동의 반사. 입사파 AB가 반사면에 입사하여 반사될 때 A가 반사면에 도달했을 때 B는 아직 반사면에 도달하지 못했다. B가 반사면에 도달할 때 A는 A′까지 진행하게 되고 반사파면은 A′B′가 된다. 따라서 $\triangle AA'B'$와 $\triangle ABB'$는 합동이므로 i와 i'는 같다.

라고 한다. 이때 빛은 입사각과 반사각이 같게 되는데, 이를 **반사의 법칙**이라고 한다. 입사각은 입사광선의 진행 방향과 법선(반사면과 수직을 이루는 선)이 이루는 각을 말하며, 반사각은 반사 광선의 진행 방향과 법선이 이루는 각을 말한다. 빛이 반사되어 방향이 바뀌더라도 빛의 진동수나 파장, 전파 속도와 같이 파동의 기본적인 성질은 바뀌지 않고 오로지 방향만 바뀐다. 줄리아가 악당의 모습을 봤다는 것은 악당에게서 출발한 광선이 스테인리스 수레에 반사된 후 줄리아의 눈으로 왔다는 것이다. 따라서 줄리아에게서 출발한 빛은 반사되어 악당에게 똑같이 보여야 한다. 교실 벽에 붙어 있는 거울을 통해 볼 수 있는 친구는 그 친구도 거울을 통해 나를 볼 수 있다. 산꼭대기에서 소리를 지르면 메아리가 들려오는 것도 모두 파동의 반사 때문이며, 이때도 물론 반사의 법칙은 성립한다. 레이더나 초음파 검사와 같은 것도 파동의 반사를 이용한 장비이다.

> **반사의 법칙**
> 입사각과 반사각의 크기는 같다.
>
> $$i = i'$$

투명해도 다 보여요~

〈할로우맨〉 세바스찬 케인(케빈 베이컨 분)의 광기 어린 악마성이 점점 드러나자,

그의 동료는 국방부 위원장에게 알린다. 그것을 눈치 챈 케인은 위원장의 집에 잠입해 그를 풀장에서 익사시킨다. 그리고 물 속에서 빠져나온다. 물은 투명하다. 케인도 투명하다. 그런데, 어찌하여 오른쪽의 장면과 같이 케인의 모습이 보이는 것일까?

자신의 상사를 죽이고 난 후 수영장 밖으로 나오는 케인. 이때부터 그의 모습은 투명인간이라기보다는 마치 괴물의 모습처럼 비춰진다.

빛은 전자기파의 일종으로 직진하는 성질을 가진다. 직진하다가 물체에 부딪히게 되면, 반사나 굴절, 흡수, 투과하게 된다. 이는 물질의 표면 상태와 원자 내 전자의 상태에 기인하는 것이다. 즉, 표면이 매끄러우면 정반사, 거칠면 난반사가 일어난다. 금속과 같이 대부분의 도체는 표면에서 반사도 하지만 조금만 들어가면 빛을 모두 흡수해 버린다. 이것은 금속 원자의 전자들이 광자를 흡수해 버리기 때문에 일어나는 현상이다. 이렇게 광자를 흡수해 버리는 물체들은 불투명하게 보이고 금속(도체)의 경우 금속 특유의 고유한 표면 질감을 나타내며 불투명하게 보인다. 물이나 유리와 같은 물질에서는 광

케인도 투명하고 물도 투명하지만 물속에서 케인의 모습은 선명하게 보인다.

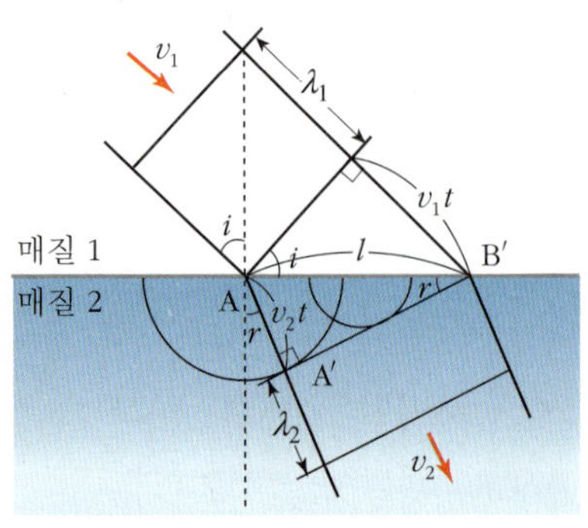

파동의 굴절. 파동이 한 매질에서 다른 매질로 입사할 때 입사각과 굴절각의 사인값의 비는 항상 일정하다.

자가 이 물질의 분자에 있는 전자에 흡수가 안 되기 때문에 그대로 통과해 버린다. 즉, 투명하게 보인다고 하여 색깔이 없는 것은 아니며, 만약 특정 진동수의 빛만 흡수하고 나머지 빛은 투과하면 투명하지만 색깔을 지닌 색유리와 같이 보인다. 예컨대 노란색 유리는 청색만 흡수되어 빨강색과 녹색 빛이 합쳐진 노란색으로 보인다.

투명한 물체의 경우 물질(매질)에 따라 굴절률이 다르기 때문에 빛의 굴절에 따른 물질의 형태를 감지할 수 있다. 파동이 굴절하는 이유는 파동이 다른 매질을 만나게 되면 파동의 속력이 변하기 때문이다. 공기 중에서 물속으로 빛이 진행할 경우 물속에서 빛의 진동수는 같지만 파장이 짧아지게 되고, 따라서 빛의 속력은 줄어들게 된다. 물속에서 나온 케인이 보이는 이유는 자신의 굴절률은 공기와 같지만(그의 굴절률이 공기와 같아야 공기 중에서 보이지 않기 때문이다. 만약 물의 굴절률과 같다면 물속에서는 보이지 않지만 공기 중에서는 보이기 때문이다) 물의 굴절률은 공기와 다르기 때문에 케인의 모습이 보이는 것이다.

> **스넬의 법칙(굴절의 법칙)**
> 매질 1의 굴절률을 n_1, 매질 2의 굴절률을 n_2라고 하면 입사각과 굴절각 사이에는 다음의 관계가 성립한다.
>
> $$n_1 \sin i = n_2 \sin r$$

웬 콘택트렌즈?

〈어비스〉 핵폭탄을 해체하여 위험을 막을 수 있는 사람은 버질 버드 브리그먼(에드 해리스 분)밖에 없다. 하지만 심해로 잠수할 수 있는 잠수정이 없기 때문에 액체 호흡을 하면서 직접 잠수를 해야 한다. 버드는 심해로 잠수하러 들어가기 전에 콘택트렌즈를 낀다. 그리고 잠수복 속으로 호흡을 할 수 있는 액체가 들어온다. 버드는 잠수복 속으로 차오르는 액체 때문에 잠시 당황하지만 이내 적응하게 된다. 그런데, 이상한 것은 버드가 렌즈를 껴야 하는 이유이다. 분명 그는 물 밖에서 안경을 끼지 않았기 때문에 시력이 나쁘지 않다. 그래서 렌즈를

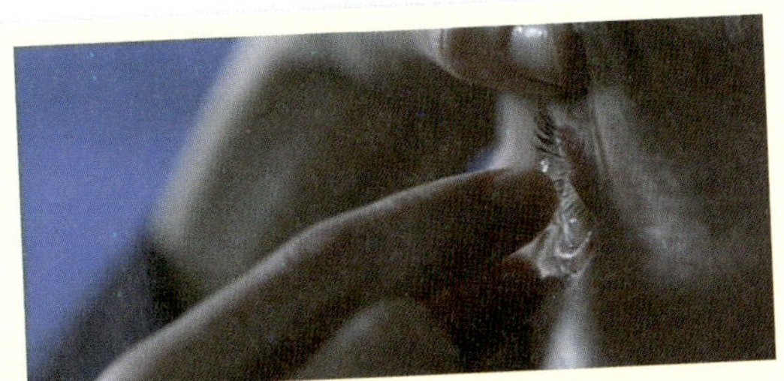

잠수복 속에 공기가 아니라 숨 쉴 수 있는 액체를 넣게 된다. 잠수복 속이 액체로 가득 차게 되면 바다 속을 제대로 볼 수 없어 콘택트렌즈를 끼게 되는 것이다. 〈어비스〉는 이러한 사소한 부분까지 과학적으로 고민한 흔적이 보이는 훌륭한 SF 영화이지만 아쉽게도 흥행 성적은 좋지 못했다.

착용할 필요가 없을 것 같은데, 왜 잠수를 하기 위해 렌즈를 껴야 하는 것일까?

우리가 물체를 보기 위해서는 망막에 상이 맺혀야 한다. 망막에 상이 맺히기 위해서는 빛이 각막과 수정체를 지나면서 적당히 굴절되어야 한다. 공기 중에서 전파되어 온 빛은 각막을 지나면서 중심 쪽으로 꺾이게 된다. 이것은 공기와 각막의 굴절률 차이가 크기 때문이다. 하지만 수중에서는 물을 지나온 빛이 각막을 지나게 되는데 물과 각막은 굴절률의 차이가 적기 때문에 빛이 충분히 꺾이지 않아서 원래 상이 맺혀야 하는 곳보다 뒤에 상이 맺힌다. 그래서 정상적인 시력을 가진 사람은 물속에서 사물이 흐릿하게 보이는 것이다. 물속에서 수경을 끼면 물속이 선명하게 보이는 것은 물속을 지나온 빛이 수경과 눈 사이의 공기층을 지났다가 눈으로 들어오기 때문이다. 버드의 잠수복 속에 액체가 가득 차게 되면 이 공기층이 사라지기 때문에 초점을 맞추기 위해 렌즈를 끼는 것이다. 물고기의 눈이 둥글게 툭 튀어나온 것도 바로 이러한 이유 때문이다. 마치 어항 속

의 금붕어가 커 보이듯이 수경을 통해서 본 바다 속의 경치도 왜곡된 채로 보인다. 즉, 물속에서는 사물의 크기가 더 커 보이고, 또한 가까워 보인다.

광섬유와 다이아몬드의 공통점

좁은 틈을 통해 밖을 보는 데는 역시 광섬유 카메라가 최고인 듯하다. 광섬유 카메라로 밖을 살펴보고 진동 감지기가 설치된 것을 확인한다.

〈더 록〉 험멜 장군(에드 해리스 분)은 알카트라즈 감옥에서 관광객을 볼모로 잡고 미 정부를 상대로 인질극을 벌이고 있다. 그는 자신과 뜻을 같이 하는 군인들과 함께 극비 작전 수행 중 전사한 부하들의 유가족에게 보상하라는 요구를 한다. 자신의 요구를 들어주지 않으면 VX가스라는 치명적인 살상용 화학 가스가 장착된 미사일을 샌프란시스코로 발사하겠다고 협박한다. 이에 정부는 FBI 생화학무기 전문가인 닥터 스탠리 굿스피드(니콜라스 케이지 분)와 33년째 극비리에 복역 중인 죄수 존 패트릭 메이슨(숀 코네리 분)을 특공대와 함께 침투시킨다. 비밀 통로로 몰래 잠입한 특공대원 중 한 명이 통로 뚜껑을 열기 전 광섬유가 장착된 카메라로 살펴보고 있다. 그렇다면 광섬유 끝에 달린 카메라는 어떻게 구부러져서 작동하는 것일까?

물속에서 물 밖을 쳐다보면 물 밖의 모습이 조금 일그러지기는 하지만 물 밖을 볼 수 있다. 이는 물 밖에서 물속으로 빛이 진행할 때 굴절하기 때문에 나타나는 현상으로 물속에서 물 밖으로 빛이 진행할 때도 굴절이 일어난다. 하지만 〈블루스톰〉에서 자레드 콜(폴 워

〈블루스톰〉 수중에서 수면을 향해 쳐다보면 보는 각도에 따라
밖의 모습이 아니라 물속의 모습이 보기이도 한다.

커 분)이 물속에서 수면으로 올라가는 장면을 보면 수면에 그의 모
습이 비치는 것을 볼 수 있다. 이는 빛이 물속에서 물 밖으로 굴절해
서 진행한 것이 아니라 수면에서 반사되어 카메라 쪽으로 진행했기
때문에 일어나는 현상이다. 이와 같이 어떤 특정한 각도에서 빛은
물속에서 공기 중으로 진행하는 것이 아니라 수면을 따라 진행하게
된다. 이 특정한 각도를 임계각이라고 하며, 임계각보다 큰 각으로
입사하는 경우에 빛은 다시 물로 돌아오는 전반사가 일어난다. 전반
사는 항상 굴절률이 큰 매질에서 작은 매질로 빛이 입사할 때만 일
어나며 반대의 경우에는 일어나지 않는다. 아무리 잘 닦여 있는 거
울도 빛을 90~95% 밖에 반사하지 못하지만 전반사 프리즘의 경우
에는 빛을 100% 반사한다. 그
래서 쌍안경이나 카메라와 같
은 광학기기들은 반사 거울이
아니라 전반사 프리즘을 사용
하는 것이다. 임계각은 물질의
굴절률에 따라 달라진다. 물의
경우에는 약 $48°$이며 굴절률이
가장 큰 다이아몬드(다이아몬

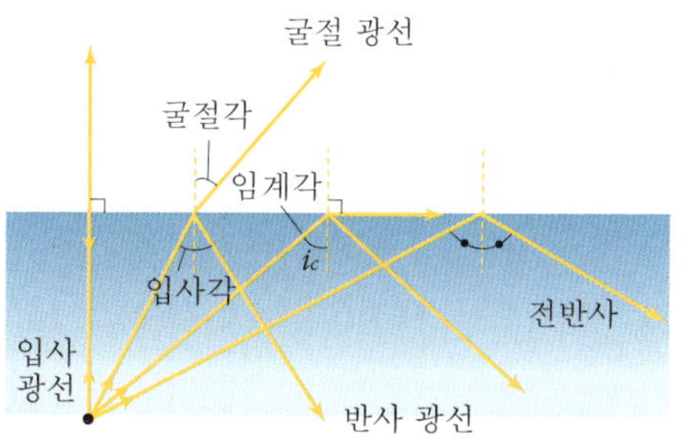

전반사. 굴절률이 큰 매질에서 작은 매질로 빛이 진
행할 때 입사각이 임계각(i_c)보다 크면 빛은 굴절되지
않고 모두 반사된다.

〈로드 투 퍼디션〉 유리창에 비친 바다의 모습은 전반사가 아니다. 전반사는 굴절률이 큰 매질에서 굴절률이 작은 매질로 진행할 때만 일어난다. 이 장면은 유리 표면에서 반사된 빛이 보이는 것이다.

다이아몬드의 화려한 광채는 전반사가 만들어내는 마술이다.

드보다 굴절률이 큰 조암 광물은 금홍석이 있으나 이 광물은 불투명하다)의 경우에는 임계각이 $24.6°$로 가장 작다. 임계각이 작다는 것은 전반사가 잘 일어나 빛이 다이아몬드 내부에서 전반사가 일어난 후 다시 밖으로 분산되어 나오는 광선의 양이 많다는 뜻이다. 밖으로 분산되는 광선의 양이 많기 때문에 다이아몬드는 화려한 광채를 발하게 되는 것이다. 〈더 록〉에서 특공대원들이 내부를 보기 위해 사용하는 굴절 카메라에는 광섬유가 사용된다. 광섬유도 전반사를 이용한 것으로 반도체 레이저에서 발생되는 빛을 멀리까지 보낼 수 있다. 빛으로 (현대적 의미의) 통신을 한다는 생각을 실현한 사람은 전화의 발명자로 알려진 그레이엄 벨이다. 벨은 자신의 가장 위대한 발명이 전화가 아니라 광전화라고 생각했기 때문

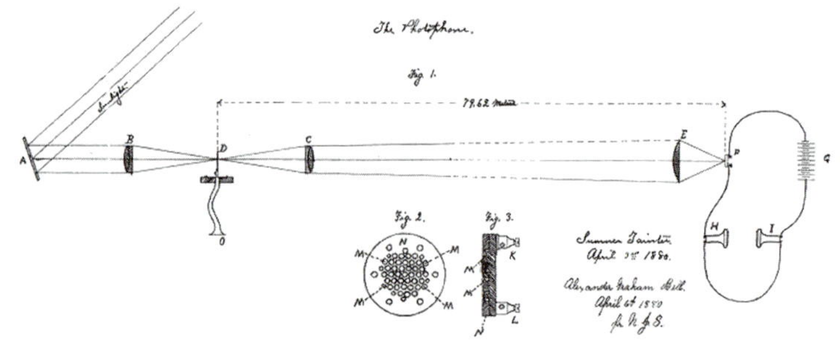

광전화에 대한 벨의 스케치. 시대를 앞서가는 아이디어였지만 손실이나 간섭 없이 먼 거리까지 신호를 보낼 수 있는 기술이 없어 실패작이 되고 말았다.

에 심지어 자신의 둘째 딸에게 '광전화(photopone)'라는 이름을 붙여 주고 싶어 했다고 전해진다. 아무튼 그의 광전화 시연은 성공했지만 이 발명품은 하나의 흥밋거리에 지나지 않는 취급을 받았고, 전화가 급속하게 대중화되었다. 벨은 한 세기를 앞서가는 발명을 했지만 그가 살던 시대에는 간섭성 빛을 만들어낼 수 있는 레이저나 광섬유가 없었기 때문에 그의 광전화는 실패할 수밖에 없었다.

리차드의 얼굴이 왜 이렇게 크게 보일까?

〈판타스틱 4〉〈스파이더맨〉, 〈헐크〉, 〈엑스맨〉과 마찬가지로 이 영화도 만화가 원작인 영화이다. 우주 폭풍을 조사하러 갔던 우주인 5명이 방사선에 노출되어 엄청난 능력을 지니게 된다. 한때 서로 좋아했던 수잔 스톰(제시카 알바 분)과 리드 리차드(이안 그루퍼드 분)는 그들의 몸에 어떤 변화가 생겼는지에 대

스톰과 리차드는 서로의 얼굴을 볼록 렌즈를 통해 보고 있다. 볼록 렌즈를 통해 보면 실제보다 얼굴이 크게 보인다.

해 조사를 하고 있다. 이러한 조사에서 왜 저렇게 커다란 돋보기가 필요한지 모르겠지만 여하튼 둘은 볼록 렌즈를 사이에 두고 이야기를 하고 있다. 볼록 렌즈를 통해서 보면 두 사람의 모습이 확대되어 보이게 되는데 어떻게 해서 크게 보이는 것일까?

렌즈는 빛의 진행 방향을 바꾸는 역할을 한다. 빛의 진행 방향이 바뀌는 이유는 렌즈에서 빛의 진행 속도가 달라서 빛이 굴절되기 때문이다. 렌즈는 기본적으로 빛을 모으는 수렴 렌즈와 빛을 분산시키는 발산 렌즈가 있다. 수렴 렌즈는 가운데가 주변보다 두껍기 때문

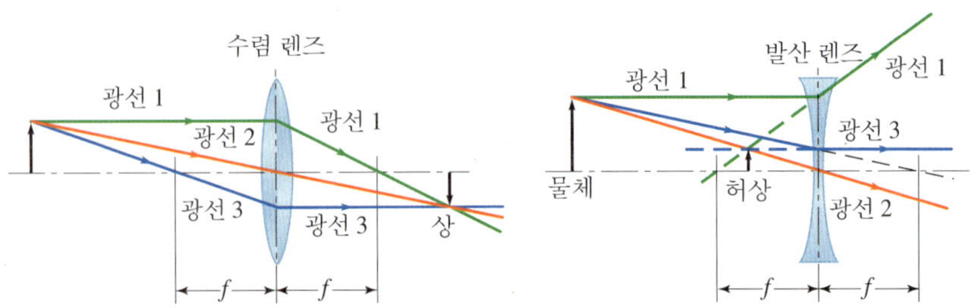

상을 작도하는 규칙. 광축에 평행한 광선 1은 렌즈를 지난 후 초점을 지나고, 렌즈의 중심을 지나는 광선 2는 직진하며, 초점을 지나는 광선 3은 렌즈를 지난 후 광축에 평행하게 진행한다.

에 흔히 볼록 렌즈라고 불리며, 발산 렌즈는 가운데가 주변보다 얇아서 오목 렌즈라 불린다. 빛은 렌즈를 통과할 때 두 번 구부러진다. 즉, 렌즈로 들어갈 때와 나올 때 각각 굴절하게 된다. 볼록 렌즈가 빛을 모으는 성질이 있기 때문에 돋보기로 상을 맺히게 하거나 종이를 태울 수 있다. 렌즈를 통과한 빛은 일정한 규칙에 따라 실행하기 때문에 우리는 상을 작도할 수 있게 된다. 일정한 규칙에 따라 상을 그려보면 오목 렌즈에 의한 상은 항상 축소된 정립 허상이 생긴다. 안경을 벗어서 멀리 있는 물체를 보면 더 작게 보인다는 것을 알 수 있을 것이다. 볼록 렌즈의 경우에는 복잡해서 물체의 위치에 따라 다양한 상이 생길 수 있다. 즉, 태양과 같이 거의 무한대에 있는 물체의 경우에는 정확하게 초점에 점으로 상이 맺힌다. 초점 거리보다 멀리 있을 때는 거꾸로 된 실상이 보인다. 또한 초점 거리 안에 물체가 있을 때는 확대된 정립 허상을 볼 수 있다. 영화 속에서 두 사람의 모습이 확대된 것으로 보이는 것은 커다란 돋보기의 초점 거리 안에 있기 때문이다.

배율 m은 렌즈에서 상까지의 거리 b를 물체에서 렌즈까지의 거리 a로 나누어 준 값이다.

$$m = -\frac{b}{a}$$

선글라스를 낀 수녀들?

〈미녀삼총사 2〉 백만장자 찰리를 중심으로 세 명의 늘씬한 미녀가 정부를 위해 일을 한다. 나탈리(카메론 디아즈 분), 딜런(드류 베리모어 분), 알렉스(루시 루 분)는 FBI의 증인 보호 프로그램 'HALO'가 담긴 2개의 티타늄 반지가 도난 당한 사건을 조사 중이다. 그래서 도난의 비밀을 풀기 위해 수녀로 위장하고 수녀원을 방문한다. 그

수녀복에 선글라스까지 잘 어울리니 미녀 삼총사들은 무엇을 입어도 어울리는 듯하다. 선글라스를 끼면 눈부심이 많이 줄어드는데, 특히 편광 선글라스의 경우에 반사된 광선을 차단하기 때문에 운전이나 낚시에 많이 이용된다.

런데 수녀에게 어울리지 않는 선글라스를 끼고 있는 모습이 조금 우습게 보인다. 선글라스는 운전자들이나 일부 낚시꾼들이 많이 사용하는데 어떤 효과가 있는 것일까?

선글라스는 멋으로 사용하기도 하지만 대부분은 여름철 강한 햇빛으로부터 눈을 보호하거나 눈부심을 막기 위해 착용한다. 백인들이 등장하는 할리우드 영화 속에서 선글라스를 착용한 모습을 많이 볼 수 있는 것은 그들이 햇빛에 더 민감하여 눈부심이 심하기 때문이다. 백인에 비해 유색 인종의 검은 홍채는 햇빛에 눈부심이 덜하다. 그렇다면 운전기사들이나 낚시꾼들이 선글라스를 착용하는 이유는 무엇일까? 그들이 선글라스를 끼는 이유는 반사된 빛에 의한 눈부심을 막기 위해서이다. 물체나 수면에서 반사된 빛은 편광되는데, 편광 선글라스를 착용하면 반사된 빛을 막아주기 때문에 눈부심이 줄어들게 된다. 운전자의 경우 다른 차에서 반사된 빛은 운전에 방해가 되기 때문에 편광 선글라스로 이러한 빛을 막아 준다. 낚시

꾼의 경우에는 눈부심 해소뿐만 아니라 물속도 볼 수 있기 때문에 편광 선글라스를 착용한다. 우리가 물속을 볼 수 없는 것은 하늘빛에 반사된 빛은 잘 보이고, 물속에서 굴절되어 나오는 빛은 어두워서 잘 보이지 않기 때문이다. 이때 수면에서 반사된 편광된 빛을 제거하면 물속을 볼 수 있는 것이다. 자연광은 여러 방향으로 골고루 진동한다. 이러한 빛이 반사되거나 편광판을 지나게 되면 특정한 방향으로 진동하는 빛이 되는데 이를 편광(polarized light)이라고 하며, 1809년 프랑스의 기술자인 말뤼스에 의해 발견되었다. 편광의 영어명에서 알 수 있듯이 폴라로이드사는 바로 편광 필름을 발명해서 유명해진 회사이다. 편광 선글라스는 바로 편광된 빛을 차단시켜주는 역할을 하여 눈부심을 막는 것이다. 편광 현상은 빛이 횡파라는 증거이며, 만약 빛이 종파라면 편광 현상은 나타나지 않게 된다.

03
파동의 간섭과 회절

비행기 조종사들은 비행기 소리가 시끄럽지 않을까?

〈에너미 라인스〉 이 영화는 1995년 미국의 F-16기가 보스니아 비행금지구역에서 정찰 비행 중 미사일에 피격되었던 실화를 바탕으로 한 영화이다. 크리스마스 전날 해군 파일럿 크리스 버넷 대위(오웬 윌슨 분)는 항공모함에서 사출기로 미식축구를 하는 등 즐겁게 생활하는 군인이다. 크리스마스 전날 동료 스택

비행기 조종사들이 헤드폰을 착용하는 것은 무선 통신을 듣기 위한 것도 있지만 시끄러운 비행기 소음을 차단하기 위한 이유도 있다.

하우스(가브리엘 매치 분)와 함께 F/A-18 슈퍼 호넷을 몰고 정찰 비행을 떠나려고 한다. 이때 항공모함 위에서 비행기를 유도하는 군인이나 전투기 조종사 모두 헤드폰을 착용했다. 그렇다면 이 헤드폰은 단지 관제탑이나 부조종사와 연락하는 역할만 하는 것일까?

친구들과 연못에 돌을 던져 물결을 만들어 보면, 물결이 퍼져나가면서 서로 겹쳐서 새로운 물결이 만들어지는 것을 볼 수 있다. 이렇게 두 개 이상의 파동이 겹쳐져서 새로운 파동이 만들어지는 현상을 파동의 중첩이라고 한다. 파동의 중첩은 재미난 현상인데, '1+1=2'가 항상 2가 아니라 1이나 0도 될 수 있기 때문이다. 즉, 파동과 파동이 만나서 다양한 크기의 파동이 생겨날 수 있기 때문이다. 이러한 파동의 중첩성 때문에 두 개의 파동은 간섭 현상을 일으킨다. 간섭은 두 개의 파동이 겹쳐졌을 때 파동의 진폭이 증가하거나 감소하는 현상을 말한다. 따라서 간섭은 파동과 파동이 더해져서 파동이 강해지거나 약해질 수 있다. 두 파동이 만났을 때 위상이 같을 경우에는 진폭이 증가하는 보강 간섭이 일어난다. 반대로 두 파동의 위상이 반대일 경우에는 진폭이 감소하게 되며 이러한 간섭을 상쇄 간섭이라고 한다. 비행기 조종사의 경우 시끄러운 비행기의 소음을 막기 위해 소음제거용 간섭헤드폰을 착용한다. 즉, 비행기에서 발생하는 소음과 위상이 반파장($\frac{\lambda}{2}$) 차이 나도록 헤드폰에서 들려줌으로써 외부의 비행기 소음과 소멸 간섭을 일으켜 소음을 없애는 원리를 이용한 것이다. 여객기의 경우에도 외부 엔진에서 발생하는 소리를 발생시켜 소음을 없애는데, 이것 또한 파동의 간섭 현상을 이용한 것이다.

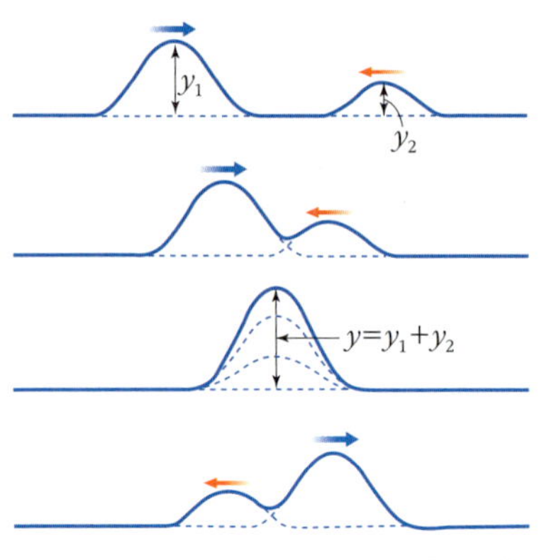

파동의 중첩. 두 파동이 겹치기 전후의 파동의 모습은 변화가 없으며, 겹쳐진 순간 파동의 모습은 각 파동의 변위를 더한 것과 같다.

밤에는 더 잘 보여요~

<엑스맨 3: 최후의 전쟁>
드디어 찰스 자비에(패트릭 스튜어트 분) 교수가 이끄는 엑스맨과 매그니토가 이끄는 브러드후드가 최후의 전쟁을 향해 한 걸음씩 다가가고 있다. 이 소년 근처에 가면 돌연변이들이 초능력을 잃어버리기 때문에 인간들은 이 소년을 이용해 '큐어'라는 돌연변이 치료제를 만든다.

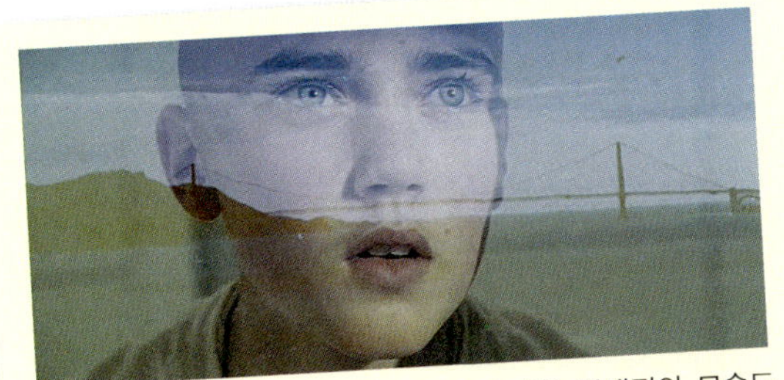

유리창 속 소년의 모습도 보이지만 유리창 반대편의 모습도 유리창을 통해 볼 수 있다. 이는 유리창이 투명하기도 하지만 표면이 매끄러워서 반사도 일으키기 때문이다.

아버지의 강요로 돌연변이 치료를 받기 위해 왔던 엔젤이 유리창을 깨고 밖으로 날아가 버린다. 병원에 갇혀서 지내는 소년은 하늘을 자유롭게 날아가는 엔젤을 부러운 듯이 바라본다. 엔젤을 바라보는 소년을 보면 소년의 얼굴도 보이고 창문에 비친 밖의 모습도 보인다. 어떻게 된 것일까?

유리창은 투명해서 빛이 그냥 통과하는 것으로 알고 있겠지만 사실 수직으로 입사한 빛의 4% 정도는 반사된다. 이는 아무리 잘 닦아 놓은 유리라고 해도 마찬가지이다. 따라서 얇은 유리의 경우 수직으로 입사한 빛에 대해 표면에서 4%, 뒤쪽에서 4%가 반사된다. 낮에는 이렇게 반사된 빛보다 밖에서 들어오는 빛의 양이 많기 때문에 유리창에 반사된 모습이 선명하게 나타나지 않지만 밤이 되면 달라진다. 즉, 실내는 밝고 밖은 어둡기 때문에 8% 정도의 빛만 해도 선명하게 유리창에 비치게 되는 것이다. 이러한 유리창과 달리 안경이나 쌍안경에는 반사된 모습을 잘 볼 수 없다. (<신세기 에반게리온>에서 이카리 박사의 안경은 빛이 반사되어 빛나고 있을 때가 많은

〈신세기 에반게리온〉 선글라스도 아닌데 빛이 이렇게 많이 반사되는 안경은 결코 좋은 안경이 아닙니다.

데, 이는 눈을 보이지 않게 하여 그 사람의 정체를 파악하기 힘들게 하려 함이다. 설마 엄청난 예산을 사용하는 네르프의 고위층 연구진이 무반사 코팅 안경을 살 형편이 안 되는 것은 아닐 것이다.) 이는 안경이나 쌍안경 렌즈 표면에 무반사 코팅이 되어 있기 때문이다. 사실 무반사 코팅이라고 하지만 반사가 일어나지 않는 것은 아니다. 코팅에 의한 얇은 막이 상쇄 간섭을 일으켜 반사 광선을 소멸시키는 것이다. 즉, 얇은 코팅 막의 표면에서 반사된 빛과 유리 표면에서 반사된 빛은 위상변화가 없을 때 경로차가 반 파장이 되면 상쇄 간섭을 일으키게 된다. 백색광은 여러 파장의 빛이 모여 있는 것이기 때문에 단일 코팅으로 모든 파장의 빛을 소멸시킬 수는 없다. 이 때문에 중간 파장 영역에서 가장 많은 상쇄 간섭이 일어나도록 두께를 조정하게 된다. 무반사 코팅에 가장 많이 사용하는 것은 빙정석(MgF_2)이다. 이 물질의 굴절률은 1.38로 공기와 유리의 중간 정도의 굴절률을 가지고 있다. 2006년도에는 포스텍(포항공과대학교, POSTECH) 화학공학과 김진곤 교수팀이 '폴리스티렌–폴리메틸메타아크릴레이트(PS-PMMA)' 블록 공중합체를 이용하여 반사 없이 100% 투과하는 무반사 코팅 재료를 만들기도 했다. 이 기술은 LCD 화면에서 반사를 없애는 등 유용하게 사용될 것으로 보인다.

석양의 무법자?

〈아마겟돈〉 지구를 구하기 위한 용사로 낙점(?)을 받은 해리(브루스 윌리스 분)를 모시러 가기 위해 함대 사령관이 직접 헬기를 타고 날아간다. 저녁놀을 배경으로 한 용사들의 비장함이 돋보이는 장면이다. 그런데 낮의 하늘은 푸른색인데 왜 저녁에는 붉게 보일까?

하루 동안 태양은 모두 같은 태양이지만 하늘의 색은 태양의 고도에 따라 달라진다. 이는 같은 빛이라도 대기층에 입사하는 각도에 따라 다양한 빛깔을 연출하기 때문이다.

낮에 하늘을 쳐다보면 푸르지만 영화에서와 같이 저녁에는 붉게 물든 아름다운 놀을 관찰할 수 있다. 같은 태양인데 왜 이런 일이 생길까? 이것은 빛이 지구의 대기를 통과하면서 산란되기 때문이다. 태양에서 오는 빛은 단색광이 아니라 여러 가지 파장의 빛이 섞여 있는 혼합광이다. 파동이 먼지와 같이 작은 입자나 원자와 분자 등에 부딪혀서 흩어지거나 방향을 바꾸는 것을 산란이라고 하는데, 파장이 짧은 빛은 산란이 잘 된다. 태양에서 오는 빛은 보라색과 파란색 계열의 빛이 파장이 짧기 때문에 산란이 잘 된다. 만약 대기가 없다면 지구는 밤하늘과 같이 검은색 하늘이겠지만 대기에 의해 빛이 산란되어 푸르게 보인다. 실제로 보라색이 더 많이 산란되지만 우리 눈이 푸른색에 더 민감하기에 파랗게 보이는 것이다. 저녁에는 파란색이 모두 산란되고 남은 빛을 우리가 보기 때문에 붉게 보이는 것이다.

숨어도 다 보여요~

벽 뒤에서 소리는 들리지만 모습은 보이지 않는다. 소리는 회절이 잘 일어나지만 빛은 회절이 잘 일어나지 않기 때문이다.

〈더 록〉 허멜 장군과 그의 부하들은 정부를 상대로 인질극을 벌이기 위해 VX가스가 장착된 미사일을 탈취하려고 기지로 숨어든다. 그래서 허멜의 부하들이 경비병들을 제거하고 있다. 이때 한 대원이 벽 중간에 숨어 양쪽으로 오고 있는 경비병을 기다리고 있다. 그는 경비병을 보지도 않고 가까이 오는지 어떻게 알 수 있을까?

우리는 담장 뒤쪽에서도 남이 하는 이야기를 들을 수 있기 때문에 아무도 보이지 않는다고 비밀 이야기를 함부로 해서는 안 된다. 이러한 현상이 생기는 것은 파동이 진행하는 도중 장애물을 만나도 뒤쪽까지 전달되기 때문이다. 이러한 파동의 성질을 회절이라고 한다. 회절 현상은 파장의 길이가 길수록 잘 일어난다. 따라서 파장이 짧은 빛은 담장 뒤로 회절이 일어나지 않지만 파장이 긴 음파는 회절이 잘 일어나는 것이다. 라디오의 경우에도 파장이 짧은 FM 방송은 회절이 잘 일어나지 않아 장애물 뒤쪽으로 잘 전달되지 않는다. 그래서 FM 방송 보다는 AM 방송이 지역에 상관없이 잘 들리는 것이다. 또한 회절은 좁은 틈 사이를 통과할 때 더 잘 일어난다. 그래서 문이 처음 열릴 때 사방으로 번지는 빛을 느낄 수 있는 것이며 문틈이 벌어지면 이러한 현상은 줄어든다.

홀로그램의 정체는?

〈아이, 로봇〉 델 스프너(윌 스미스 분)는 로봇에 대해 좋지 않은 감정을 가지고 있는 그 시대의 구닥다리 형사이다. 하지만 할리우드 영화의 공식(?)이 다 그렇듯이 스프너는 인류를 로봇으로부터 구하고 끝내는 로봇과 친구가 된다. 영화 속에는 많은 볼거리가 등장하는데, 세련된 디자인의 로봇 NS-5로부터 시작해서, 아우디의 미래형 스포츠카, 지능

실물과 구분되지 않을 만큼 뛰어난 홀로그램이다. 아직까지 이러한 홀로그램 동영상을 만들 수는 없지만 이미 홀로그램은 다양한 곳에 사용되고 있다.

형 건물, 교통시스템 등 편리해질 미래의 모습을 볼 수 있다. 이중에서도 빼놓을 수 없는 것은 실사와 구분할 수 없을 정도로 정교한 홀로그램 프로젝터의 영상일 것이다. 이전에 〈스타워즈〉에서 R2D2를 통해서 전달되는 레아 공주의 홀로그램이나, 〈플러버〉에서 로봇 위보가 만들어낸 홀로그램과는 달리 이 영화 속의 홀로그램은 너무 사실적이다.

　　〈아이, 로봇〉은 〈크로우 The Crow, 1994〉와 〈다크시티 Dark City, 1998〉에서 비장하면서도 암울한 미래의 모습을 관객에게 보여준 이집트 출신의 알렉스 프로야스 감독이 〈반지의 제왕〉팀과 함께 만들어 낸 미래의 모습이 흥미롭게 그려진 영화이다. 이 영화는 SF의 거장 아이작 아시모프(Isaac Asimov)의 소설을 원작으로 하고 있다. ‘로봇 공학의 3원칙’이 영화의 주된 소재라는 것을 제외한다면 원작 소설과는 별로 상관이 없지만 아시모프라는 그 이름만으로도 이 영화는 많은 관심을 끌기에 충분하다.

　홀로그래피(holography)란 그리스 어로 '전체(whole)'의 의미를 지닌 'holo'와 '기록하는 기술'을 뜻하는 'graphy'의 합성어로 '전체를 기록하는 기술'을 의미한다. 홀로그램은 이 기술을 활용하여 만든 사진과 같은 영상물을 말한다. 일반 사진의 경우 물체에 반사되어 나온 빛의 원래 정보 중 빛의 세기만 기록이 됨으로써 광자가 가지고 있던 다른 정보는 잃어버리게 된다. 이와는 달리 홀로그램은 빛의 세기뿐만 아니라 위상 차이까지 기록함으로 인해서 보는 사람이 입체감을 느끼게 하는 것이다. 원리상 물체에 반사된 광자의 원래 정보와 동일한 정보를 가진 광자는 물체에서 반사된 것인지 재생된 것인지 구별할 수 없다. 따라서 완벽하게 재생된다면 공간상에 실제로 물체가 있는 듯이 보이게 된다.

　홀로그램은 빛의 간섭(간섭은 두 개 이상의 파동이 중첩되어 진폭이 커지거나 작아지는 현상)을 이용하기 때문에 레이저와 같이 진동수나 위상이 같은 빛을 이용한다. 이 영화에서 홀로그램 상은 매우 완벽하지만 실제의 홀로그램 상은 실물이 아니라는 것을 느낄 수 있는데, 그것은 레이저 광선이 공기층의 영향을 받기 때문이다. 홀로그램의 재미있는 성질은 일반 사진의 필름과 달리 필름이 조각나도 원래의 상을 만들어 낼 수 있다는 것이다. 물론 원래의 조각보다 흐려지기는 하지만 홀로그램의 각 부분이 전체의 정보를 가지고 있기 때문에 이것이 가능한 것이다. 홀로그램은 영상뿐만 아니라 복제가 어렵기 때문에 신용카드에 사용된다. 또한 홀로그램 기억장치를 통해서 작고도 강력한 미래형 컴퓨터가 탄생할 수도 있다. 〈스타크래프트〉에서 하이템플러라는 유닛의 홀루시네이션(hallucination)이 마법에 의한 환영이 아니라 홀로그램은 아닐까?

04
빛과 물질의 이중성

벽을 뚫고 통과할 수 있을까?

〈엑스맨 3 : 최후의 전쟁〉 엑
스맨은 돌연변이에 의해 초능력
을 가진 사람들이다. 사비에 교수
는 돌연변이들을 모아서 그들의
재능을 통제하고 악당인 매그니토
에 대항하기 위해 영재학교를 운
영한다. 이 학교에는 다양한 능력
을 가진 학생들이 있는데, 그 중에
는 벽을 뚫고 지나갈 수 있는 능력
을 가진 섀도우캣(엘렌 페이지 분)

섀도우캣은 원자 사이를 자유롭게 지나다닐 수 있는 능력을
가지고 있다. 이 능력으로 주거노트를 콘크리트 바닥에 가
둔다.

이라는 소녀가 있다. 어떻게 이러한 일이 가능할까?

빛은 입자인 동시에 파동의 성질을 가지고 있다. 빛의 간섭과 회
절, 편광 등의 현상은 빛이 파동이었을 때만 설명이 가능하다. 하지

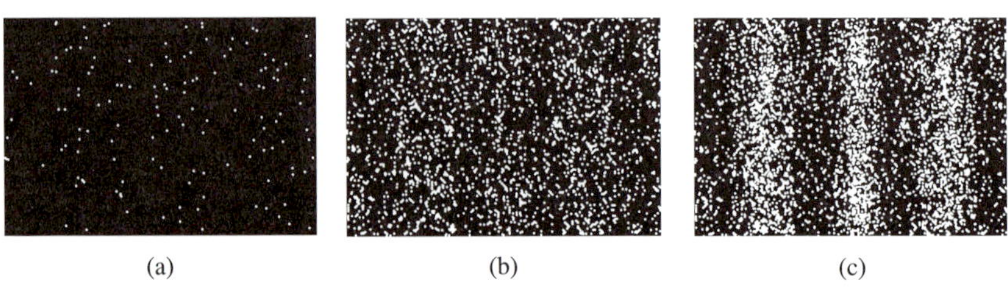

한 번에 한 개씩의 광자를 통과시킬 때 이중슬릿 실험. 슬릿을 통과한 광자 수가 적을 때(a)는 파동성이 잘 드러나지 않지만 광자 수가 증가(c)하면 광자의 파동성을 확인할 수 있다.

만 광전 효과나 콤프턴 효과는 빛을 에너지 덩어리인 입자로 가정해야만 설명할 수 있는 빛의 입자성을 나타내는 것이다. 이와 같이 빛은 파동성과 입자성을 모두 가지고 있는데, 이것을 **빛의 이중성**이라고 한다. 빛은 관찰자가 파동의 성질을 관찰하고 싶어할 때는 파동의 모습을 보여주고 입자의 성질을 관찰하기 원할 때는 입자의 성질을 보여준다. 드 브로이는 빛이 이중성을 가지고 있다면 자연에 존재하는 다른 입자들도 파동의 성질을 가지고 있을 것이라고 생각하였다. 즉, 자연은 대칭성이라는 성질을 가지고 있는데, 빛이 이중성을 가지고 있다면 전자와 양성자와 같은 입자도 파동의 성질을 가지고 있을 것이라고 생각했던 것이다. 물질파는 드 브로이가 주장한 이후 1925년 미국의 물리학자 데이비슨과 거머에 의해 확인되었다. 즉, 데이비슨과 거머는 니켈 결정에 전자빔을 쏜 후 튀는 전자의 개수를 세어 특정 각도($\phi = 130°$)에

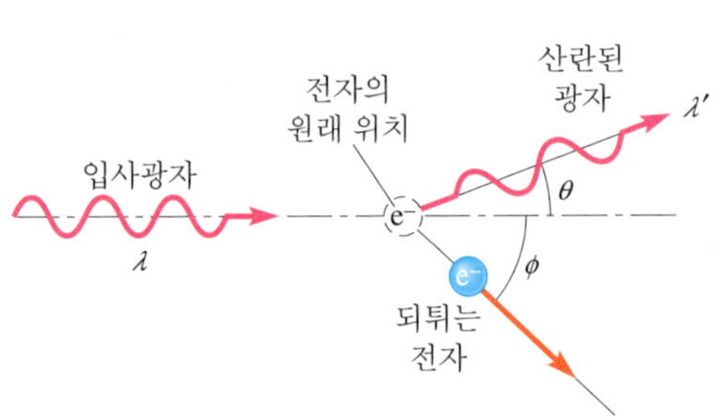

콤프턴 효과. 입사광자의 파장(λ)보다 산란된 파장(λ')이 더 길다. 콤프턴은 이 현상을 광자와 전자의 충돌에 의해 일어난다고 설명했다. 충돌이라는 물리적 현상은 입자들 사이에서 발생하기 때문에 콤프턴 효과는 빛의 입자성을 나타내 주는 실험이다.

서 최대 개수가 나타나는 것을 회절과 간섭 현상으로 설명함으로써 전자가 물질파임을 증명했다.

이와 같이 입자가 파동성을 나타낼 때 이러한 파동을 물질파라고 하며, 이는 모든 입자도 파동의 성질을 가지고 있다는 것을 나타낸다. 물질파는 플랑크 상수값이 매우 작기 때문에 운동량이 10^{-24} kg · m/s보다 작은 경우에만 관찰할 수 있다. 운동량과 물질파의 파장은 반비례한다. 운동량이 적어야 파장이 커져서 관찰할 수 있게 된다. 전자현미경으로 조그만 병원체의 내부

물질파의 파장은 다음의 식과 같다. b는 플랑크 상수로 6.626×10^{-34} J·s이다.

$$\lambda = \frac{b}{p} = \frac{b}{mv}$$

사진을 찍은 것도 전자가 입자이기도 하지만 파동의 성질도 가지고 있기 때문에 가능한 것이다. 즉, 입자인 경우에는 물체의 내부를 통과할 수 없지만 파동인 경우에는 가능하기 때문에 이러한 사진을 얻을 수 있는 것이다. 입자가 파동의 성질을 가지고 있다는 것은 무엇을 의미할까? 입자라면 벽을 통과할 수 없지만 파동이라면 벽을 통과할 수 있다. 이렇게 벽을 통과하는 일은 일상에서 일어날 가능성이 거의 없다. 하지만 플랑크 상수가 위력을 발휘하는 원자보다 작은 소립자의 세계에서는 흔한 일인 것이다. 만약 플랑크 상수값이 지금보다 훨씬 큰 값이라면 〈엑스맨〉에서와 같이 벽을 뚫고 지나가는 일이 가능하다. 하지만 지금과 같이 플랑크 상수값이 작을 때는 벽을 통과하는 것이 거의 불가능하다.

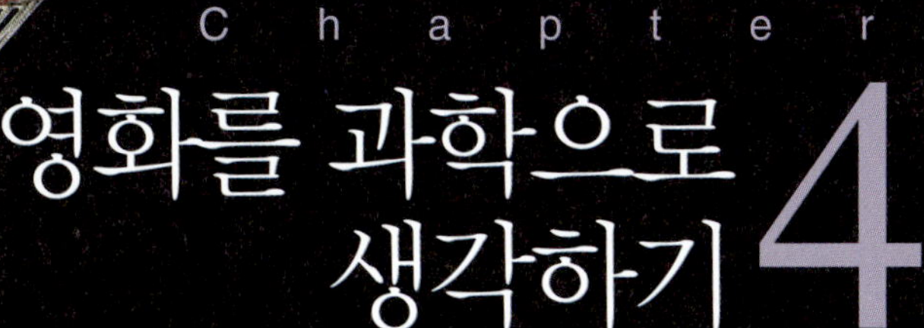

Chapter
영화를 과학으로
생각하기
4

80일간의 세계 일주
(Around the World in 80 Days, 2004)

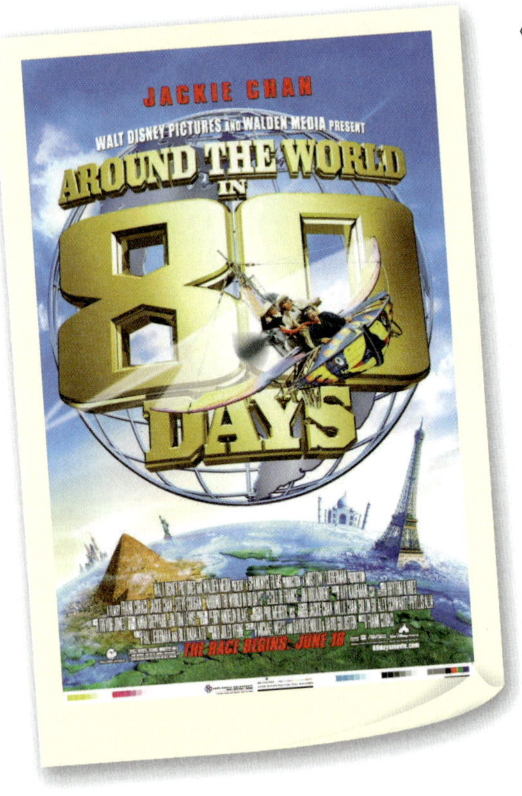

〈80일간의 세계 일주〉는 이미 여러 번 영화로 만들어진 바 있는 쥘 베른(Jules Verne)의 원작 소설에 성룡의 액션을 가미해 새롭게 만든 어드벤처 블록버스터이다. 이 영화 또한 여느 성룡의 영화와 마찬가지로 감동이나 탄탄한 줄거리에 의존하기 보다는 부담 없이 즐길 수 있는 그의 화려한 액션을 볼거리로 내세운다. 아울러 세계 여러 나라의 이국적인 풍경을 관객에게 선사한다. 발명가 필레스 포그(스티브 쿠건 분)와 그의 시종 패시파토트(성룡 분)와 함께 발명가의 세계로 여행을 떠나 보자.

영화의 배경이 되는 빅토리아 시대에서 20세기 초반

은 발명가들의 세상이었다. 일부 과학자나 발명가의 실험은 대중들을 끌어 모으는 힘이 있었지만, 많은 발명가들은 미친 사람 취급 받기 일쑤였다. 필레스 포그도 그 중의 한 명이었는데, 왕

경찰들이 포그 일행의 여행을 방해하려고 자동차를 멈추게 한다.

립학회의 의장과 회원들은 그를 정신 나간 괴짜 발명가쯤으로 밖에 생각하지 않았다. 의장은 그가 자동차, 라디오파, 비행 기계 등으로 가득 찬 미래를 상상한다고 비웃는다. 군중들 또한 포그의 신기한 발명품에 호기심을 느끼기는 하지만 그의 집을 구경하는 아이를 데리고 가는 아버지의 모습에서 발명가는 사고뭉치라는 생각을 하고 있는 듯이 보인다. 사실 많은 발명가와 과학자들이 괴짜였던 것은 사실이지만 그렇다고 그들이 미친 사람은 결코 아니다. 단지 그들은 남들이 하지 못했던 독특하고 기발한 생각을 하는 사람들이었을 뿐이다. 이러한 그들의 뛰어난 창의력 덕분에 우리는 현재의 편리함을 누릴 수 있는 것이다. 이 영화에서는 그 당시 가장 인기 있었던 기술인 증기 기관, 전기와 전구, 전화, 비행기에 대한 여러 가지 모습을 볼거리로 제공한다. 포그가 세계 일주를 하기 위해 증기 자동차를 몰고 나오는 장면이 있는데, 증기 자동차와 전기 자동차는 1890년대 가솔린 자동차보다 훨씬 많았다. 아

《80일간의 세계 일주》는 근대 SF의 선구자인 쥘 베른의 소설이다.

이러니하게도 우린 이제 다시 가솔린 자동차에서 전기 자동차로 돌아가려고 하는 것이다. 최초의 자동차는 1770년 프랑스의 포병 장교인 퀴뇨(N. J. Cugnot)가 대포를 운반하기 위해 만들었던 포차(gun carriage)로, 증기를 이용해 시속 3.2 km의 속력을 낼 수 있었다. 놀라운 사실은 걸어가는 것보다 느린 초라한 자동차보다 잠수함이 150년이나 먼저 발명되었다는 것이다. 포그는 증기 궤도차로 시속 50마일(약 시속 80 km)의 벽을 깼다면서 좋아하는 장면이 있는데, 당시에 빠른 자동차는 전기 자동차였으며, 최초로 시속 100 km의 벽을 깬 것도 전기 자동차였다.

라이트 형제의 비행기

포그와 그의 일행은 미국 여행 도중 라이트 형제를 만나게 되며, 그들에게 비행 기술에 대한 힌트를 얻어 나중에 배에서 비행 기계를 타고 런던에 도착하게 된다. 라이트 형제 역은 실제 형제인 오웬 윌슨과 루크 윌슨이 맡았으며, 재미있는 사실은 라이트 형제가 태어난 지 100년 후에 태어났다는 것이다(라이트 형제는 형인 윌버 라이트가 1867년, 동생이 오빌 라이트가 1871년생이다. 따라서 영화 속에 라이트 형제는 6살과 2살밖에 되지 않는다).

비행기의 역사에는 용감한 형제들의 역할을 빼놓을 수 없는데, 기구를 만들었던 몽골피에(Montgolfier) 형제, 글라이더를 만들었던 릴리엔탈(Lilienthal) 형제에 이어 라이트 형제에 이르기까지 비행의 역사에 있어 형제

몽골피에 형제

들은 참으로 용감했다! 파리에서 포그 일행은 돈을 받고 태워주는 기구를 타고 탈출하는데, 기구에 우산을 개조해서 만든 우스꽝스러운 프로펠러를 달고 여행하는 장면이 있다. 실제로 영화 속에서 패시파토트가 프로펠러를 돌리듯이 1872년에는 사람 손으로 돌리는 비행선도 있었다. 몽골피에 형제의 기구는 당시 엄청난 인기를 끌었고 많은 모험가와 연구가들이 기구 여행을 즐겼다. 그중에는 보일-샤를의 법칙으로 유명한 프랑스의 샤를 교수도 있었는데, 그는 최초로 수소를 이용한 기구를 만들었다. 비행선의 아버지로 불리는 프랑스의 앙리 지파르는 1867년 파리 박람회에서 밧줄로 묶어 놓은 기구에 사람들을 태워주고 돈을 받았다. 그는 증기 기관에 기구를 결합해 최초로 조종이 가능한 기구 즉, 비행선을 만든 사람이었다. 이후 비행선은 날로 거대해 지기 시작해 20세기 초에는 〈인디아나 존스〉에서 볼 수 있었던 것과 같이 피아노를 실을 만큼 큰 비행선이 등장했다. 하지만 비행선은 가연성 기체인 수소를 채우고 있었기 때문에 항상 위험이 도사렸고, 독일의 힌덴부르크호의 참사로 부력을 이용한 비행은 그 막을 내리게 된다. 하지만 '날개를 달고 하늘을 나는 사람' 그림이 포그의 마음을 사로잡았듯이 레오나르도 다 빈치 이후 많은 실패에도 불구하고 비행 기계의 연구는 끊임없이 이어졌다. 〈허

드슨 호크〉에서도 다 빈치가 설계했던 것으로 생각되는 글라이더가 등장하는데, 영화 속에서는 비행에 성공하지만 다 빈치가 성공했다는 기록은 없다. 릴리엔탈은 2,000번 이상의 비행으로 글라이더 비행에서 단연 돋보이는 존재였다. 또한 그는 날개를 에어로포일(위쪽이 볼록한 날개)로 만들어야 한다는 것을 알아냈다. 1896년 그는 비행 실험 도중 추락으로 죽어가면서 "희생은 따르기 마련이다"라는 말을 남겼으며, 그의 죽음은 라이트 형제가 비행 기계에 관심을 가지는 계기가 되었다. 라이트 형제가 이전의 비행 기계 연구가들과 달랐던 점은 과학적인 방법에 의존했다는 것이다. 그들은 독학으로 비행 기술에 대해 연구를 했으며, 풍동을 만들어 실험하는 등 꼼꼼하게 모든 것을 연구해 나갔다. 하지만 라이트 형제의 성공도 꿈을 심어준 아버지, 오빠의 성공을 위해 뒷바라지를 한 동생, 훌륭한 조언자이자 친구였던 샤누트와 같은 사람이 없었다면 어려웠을 것이다.

최초의 전구 발명자가 에디슨이 아니듯이 최초의 증기 기관이나 증기 기관차의 발명자 또한 제임스 와트와 스티븐슨이 아니다. 우리가 이들의 이름만 기억하는 것은 승자가 모든 것을 가지기(winner takes it all) 때문이다.

밀리언 달러 베이비
(Million Dollar Baby, 2004)

〈용서받지 못한 자〉로 이미 아카데미 상을 수상한 경력이 있는 74살의 노장 클린트 이스트우드. 〈소년은 울지 않는다〉로 아카데미 여우주연상을 수상했지만 이후 뚜렷한 성적을 내지 못했던 힐러리 스웽크. 〈쇼생크 탈출〉로 우리에게 깊은 인상을 심어 줬지만 아직 아카데미와는 인연이 없었던 모간 프리먼. 이들이 뭉쳐 한물간 소재라고 외면하던 권투 이야기를 백만 불짜리로 탄생시킨 것이 바로 〈밀리언 달러 베이비〉이다. 이 영화는 제77회 아카데미 시상식에서 강력한 수상 후보 〈에비에이터〉를 제치고 주요 4부분을 석권함으로써 노장은 건재하다는 사실을 다시 한 번 입증했다.

한때 잘나가던 복싱 트레이너

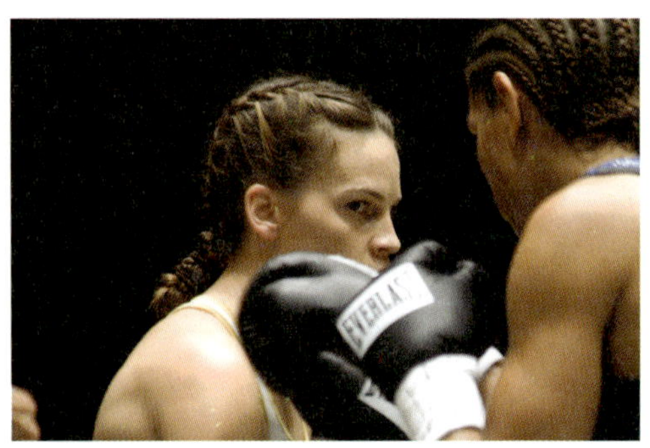

권투는 남자들에게도 거친 경기이다. 결국 매기는 경기 도중 큰 부상을 입는다.

였던 프랭키 던(클린트 이스트우드 분)과 은퇴한 복서인 에디 스크랩(모간 프리먼 분)은 허름한 도장을 운영하고 있다. 어느 날 그들에게 31살의 웨이트리스 매기 피츠제랄드(힐러리 스웽크 분)가 복싱을 하겠다며 찾아온다. 프랭키는 매기에게 복싱은 꿈도 꾸지 말라고 하며 돌려보내지만 그녀의 끈기에 두 손 들고 만다. 이렇게 시작된 프랭키와 매기의 인연은 혈육보다 더 진하게 형성되고, 매기는 남자들에게도 힘든 복싱의 세계로 뛰어들게 된다.

복싱은 이미 B.C. 4000년경의 이집트 상형 문자에서 무술 훈련의 하나로 권투를 익혔다는 것이 나올 만큼 그 역사가 오래된 운동으로 고대 올림픽에서 정식 종목으로 행해 졌다. 초기의 복싱은 링도 없는 야외에서 체급도 없이 시합을 하여 한 사람이 쓰러지거나 항복할 때까지 시합을 했다. 근대 복싱의 시조는 18세기 영국의 피그로 그의 제자들이 현대 복싱의 기반을 닦는다. 당시에는 바닥에 원을 그리고 시합을 했기 때문에 사각인데도 링(ring)이라고 불린다.

너무 삭막한 이야기로 들릴지 모르겠지만 물리학자들에게 복싱이라는 것은 마치 당구공의 충돌과 같이 두 물체 간의 충돌 현상일 뿐이다. 충돌에 대한 관객들의 태도는 양면적인데, 선수들의 부상에 연민을 느끼면서도 한편으로는 환호를 보낸다는 것이다. 같은 펀치라도 들어가면서 맞은 것과 뒤로 물러서면서 맞은 것은 다르다. 이것은 충격량이 힘과 시간의 곱이기 때문에, 충격량이 같더라도 시간에 따라 충격력은 달라질 수 있기 때문이다. 즉, 같은 충격량이라도 작용하는 시간이 길면, 힘(충격력)이 줄어들기 때문이다. 펀치가 가해져 오는 방향에서 민첩한 동작으로 상대방의 펀치를 머리 위나 어깨 너머로 빗나가는 방어 기술인 슬리핑 도중 펀치를 맞은 선수들이 쓰러지지 않는 이유는 바로 이 때문이다. 자동차의 범퍼나 에어백은 모두 이러한 원리를 이용한 것이다.

복싱 찬성? 반대?

비운의 복서 김득구를 그린 영화 〈챔피언〉에서 배고픔을 참아가며 오로지 챔피언의 집념을 불태우는 한 사나이의 모습을 볼 수 있었다. 〈밀리언 달러 베이비〉에서도 복싱만이 유일한 희망이기에 매기는 코뼈가 부러지고 눈 위가 찢어져 선혈이 낭자한데도 시합을 계속한다.

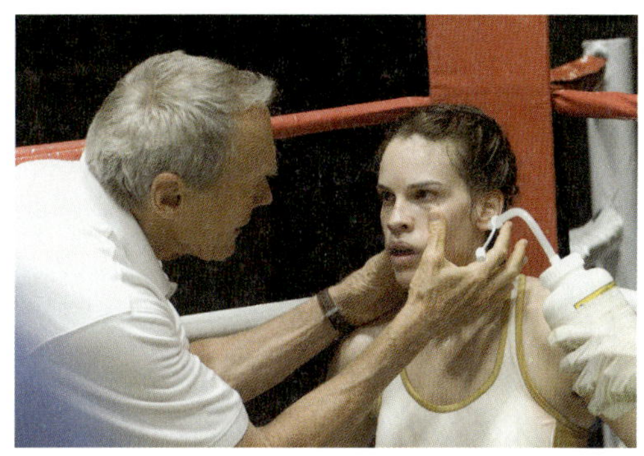

복싱이 유일한 희망인 매기는 프랭크의 만류에도 불구하고 경기를 지속한다.

김득구 선수는 시합 도중 부상 때문에 싸늘한 주검으로 고국에 돌아왔으며, 세기의 권투 영웅 모하마드 알리는 1996년 성화를 채화하면서 심하게 손을 떠는 모습을 보여 많은 사람들을 안타깝게 했다. 김득구 선수의 경우 이미 연습 경기에서 뇌출혈이 있었으며, 당일 경기에서 증세가 악화되어 식물인간이 된 것으로 보인다. 김득구 선수의 사망 이후 복싱의 야만성에 대한 비난 여론이 일었고, 15회

〈챔피언〉 1982년 라스베이거스 특설링에서 벌어진 챔피언 레이 붐붐 맨시니와 경기에서 김득구(유오성 분)는 14회에 KO를 당한다. 뇌사 상태에 빠진 그는 관에 실려 고국으로 돌아오게 된다.

경기를 12회로 줄이고 스탠딩 다운제를 도입하는 등 선수 보호에 신경을 쓰기 시작했다.

우리는 흔히 글러브가 선수를 보호하기 위한 장비라고 생각한다. 물론 어떤 의미에서는 맞는 이야기이지만 항상 그런 것은 아니다. 글러브의 경우 힘을 분산시켜 눈이나 피부, 뼈와 같은 부분의 부상을 막아 준다. 금속제 징을 박은 장갑을 착용하는 뒷골목 싸움의 경우에는 맨주먹보다 접촉 면적을 줄임으로써 더 큰 타격을 주기 위한 것이다.

같은 힘을 가하더라도 압력은 접촉 면적에 따라서 달라지기 때문이다. 글러브의 경우 맞는 선수뿐만 아니라 때리는 쪽에서도 손목을 보호하여 주기 때문에 훨씬 강한 펀치를 날릴 수 있다. 이렇게 마음먹고 펀치를 날릴 수 있게 함으로써 이러한 강펀치를 맞을 경우 오히려 뇌는 더 큰 충격을 받게 된다. 마음먹고 날린 강펀치를 맞고 머리가 뒤로 젖혀질 때 가속도는 무려 중력가속도의 80배나 된다(비행기가 활주로 끝에서 이륙할 때 중력가속도의 약 0.3배가 작용하며, 우주왕복선의 경우에 비행사의 안전을 위해 중력가속도의 3배 이상 가속되지 않도록 한다). 이와 같이 엄청난 가속도는 딱딱한 두개골 속에 뇌가 보호되고 있다 하더라도 뇌가 두개골 안쪽에 부딪히게 되므로 기절을 하거나 치명적인 부상을 입는 경우가 생기는 것이다.

또한 턱을 가격 당한 선수들이 그대로 링 위에 쓰러지는 경우가 종종 있는데 이것도 턱관절이 뇌와 가까워 충격을 그대로 전하기 때문이다. 이러한 뇌의 충격은 매우 심각한 것으로 김득구 선수와 같이 사망할 수도 있으며, 지속적으로 맞게 되면 모하마드 알리와 같이 파킨슨병과 비슷한 증세를 보일 수도 있다. 이 때문에 선수의 뇌를 보호하기 위하여 글러브를 착용하지 않고 복싱을 하자는 이도 있는 것이다.

2007년 노벨 평화상 후보에 오르기도 했던 전설의 복서 무하마드 알리. 40 연승의 조지 포먼은 KO시켰지만 오랜 경기의 후유증으로 파킨슨병에 걸렸다. 거동이 불편한 모습으로 1996년 올림픽 성화 최종 주자로 등장해 많은 이들에게 감동을 주었다.

매트릭스
(The Matrix, 1999)

<매트릭스> 시리즈는 개봉될 때마다 많은 화제를 몰고 다니면서 우리 시대를 나타내는 하나의 문화 코드로 확실히 자리 잡았다. 1999년 미국에서 처음으로 개봉된 <매트릭스>는 주제의 신선함뿐만 아니라 촬영 기법의 놀라움으로 많은 관객을 사로잡은 영화였다. 현실 세계와 컴퓨터가 만들어낸 가상현실 두 세계의 이중적인 구조 속에서 던지는 여러 가지 철학적인 문제들이 이전의 할리우드 영화와 확실히 달랐다. 벽을 차며 마치 발레를 하는 듯한 현란한 격투 장면과 총알을 피하는 장면 등은 <매트릭스>의 상징이 되어 버린 지 오래다. 현대의 영화 기술이 보여줄 수 있는 최고의 테크놀로지를 선사하는 <매트릭스>를 과학적인 측면에서 살펴보자.

〈매트릭스〉에서 제일 먼저 던져 볼 수 있는 질문은 과연 인간처럼 사고하는 기계가 만들어질 수 있을까 하는 것이다. 영화에서는 이것이 가능하다고 가정하지만, 실제로 가능한지 아직은 알 수 없다. 사람들은 단순한 계산에서는 컴퓨터가 우수할지라도 창의성이나 융통성이 필요한 체스 부분에서는 당연히 사람이 우수할 것이라고 생각했다. 하지만 이러한 사람들의 생각은 체스 챔피언인 카스파로프(Garry Kasparov)가 IBM의 딥블루(Deep Blue)에게 패배함으로써 크게 흔들렸다. 컴퓨터의 능력은 날이 갈수록 향상되어, 2020년이면 사람의 뇌와 맞먹는 컴퓨터가 만들어질 것으로 보인다. 현재 칩과 신경 조직을 연결하는 연구가 진행되어 동물들의 뇌로 간단한 기계를 동작시키는 수준에까지 와 있다. 칩과 신경 조직이 아무런 저항 없이 연결 가능하게 되면 〈매트릭스〉 속의 주인공들과 같이 많은 양의 지식을 뇌로 순식간에 다운로드 할 수 있을 것이다. 이는 사람의 기억을 하드 디스크에 저장할 수도 있음을 뜻하며, 그 생각하는 컴퓨터를 우리는 인간이라 불러야 할지도 모른다. 왜냐하면 이러한 컴퓨터는 인공지능을 확인하는 튜링테스트(turing test)를 통과할뿐만 아니라 모습을 제외하면 원래의 사람과 구분할 수 있는 방법이 없기 때문이다. 이렇게 디지털화 된 인간은 데이터를 잘 보관함에 따라서 영원히 살 수 있을뿐만 아니라 데이터를 먼 거리에 전송함에 따라 장거리 여행도 순식간에 이루어질 수 있다. 물론 컴퓨터 속에 있는 것이 불편(?)한 사람은 〈6번째 날〉에서와 같이 자신

튜링 테스트를 풍자한 만화

의 복제 인간 뇌 속으로 들어감으로써 영원한 생명이 가능할 수도 있다. 이와 같이 세계에서는 가상현실과 현실의 경계가 모호해지는 현상이 생긴다. 이것이 먼 미래 인간의 모습일 수도 있다.

〈애니 매트릭스〉에는 2199년 미래의 모습이 왜 이렇게 된 것인지에 대한 설명이 나온다. 하늘이 검게 된 것은 기계들의 에너지 공급원인 태양 에너지를 차단하기 위한 인간의 조치라는 것이다. 하지만 이러한 행동은 기계들보다 오히려 인간에게 더 불리한 것이다. 심해저나 지각 속에 살고 있는 일부 생물을 제외하고 대부분의 생물들은 태양 복사 에너지를 기반으로 생활을 하고 있다. 따라서 태양 복사 에너지를 받지 못한다면 기계들보다는 인간들이 훨씬 큰 타격을 받게 된다. 기계들은 석유나 석탄과 같은 화석 에너지나 핵융합으로부터 얼마든지 필요한 에너지를 얻을 수 있는 방법이 있다. 이렇게 하늘을 가려버리는 것은(물론 쉽지는 않겠지만) 집에 뛰어든 호랑이를 잡기 위해 불을 지르자 호랑이는 빠져나가고 집 주인만 남은 것이나 마찬가지이다. 또한 기계들은 인간으로부터 필요한 전기 에너지를 얻기 위해 인간을 인공자궁(matrix는 행렬의 뜻도 있지만 자궁의 뜻도 있다)과 같은 캡슐에서 관리를 한다. 인간을 살아있는 상태로 유지하기 위해서 기계들은 인간에게 끊임없이 양분을 공급해야 한다. 이와 같이 생명 유지에 필요한 최소한의 에너지 소비를 기초 대사(basal metabolism)라고 한다. 하루에 필요한 기초 대사량(BMR)은 성인의 경우 1300~1800 kcal 정도로 100 W 전구가 하루에 소모하는 에너지와 비슷하다. 사실 우리가 앉아서 TV만 봐도 기초 대사량보다 많은 에너지를 소모하기 때문에 기초 대사량 만으로는 살기 힘들다. 이렇게 기초 대사에 소비된 에너지의 상당수는 다시 회수하여 사용할 수 없기 때문에 기계들은 공급한 에너지보다 인간을 통해 얻을 수 있는 에너지의 양은 계속 줄어들게 된다. 이것은 〈매트릭스〉에서 기계들이 아무리 훌륭한 시스템을 갖추고 있어도 피할 수 없는 문제점이다. 또 한 가지 옥의 티가 있다. 〈킬빌〉에서 더 브라이드(우마 서면 분)가 혼수상태에서 5년 만에 깨어나 다리를 한 동안 움직이지 못하는 것에서 알 수 있듯이 오랜 시간 사용하지 않는 근육은 움직이는 데 많은 어려움이 있다. 그런데 네오(키아누 리브스 분)는 캡슐에서 빠져나와 치료를 받자마자 자유롭게 움직이는데, 이것은 아무리 생각해도 무리가 있다. 더구나 태어나면서부터 한 번도 자신의 의지에 의해 움직여 보지 못한 네오가 움직이는 것은 고사하고 정상적인 생활을 할 수 있을지도 의문스럽다.

강력한 EMP

〈매트릭스〉에서 인간들이 기계에 대항할 수 있는 무기는 몇 가지 안 된다. 그중 가장 강력하고 인상적인 것은 EMP이다. EMP는 스타크래프트라는 게임을 해본 사람들에게는 매우 친숙한 말일 것이다. 〈오션스 일레븐〉에서 대니 오션(조지 클루니 분)과 그의 동료들은 카지노를 털기 위해 EMP를 사용하여 몇 분간 정전을 시키는 장면이 나온다. 이 영화에서는 몇 분간의 정전밖에 일어나지 않았지만, 미국이 이라크에 전자 폭탄(e-Bomb)을 떨어뜨렸을 때 발생한 EMP로 인해 이라

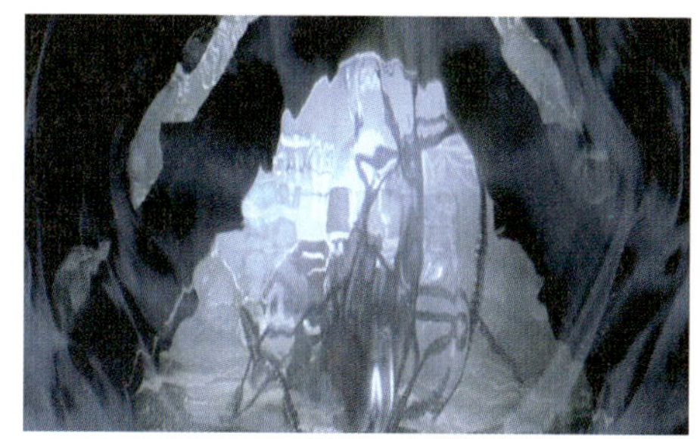

감시자 로봇들이 전함을 뚫고 들어와서 모피어스 일행을 공격하려는 순간 EMP를 쏴서 그들을 물리친다. EMP는 생명체에게는 크게 영향을 주지 않지만 전자 장비에는 치명적이다.

크 국영 방송국이 완전히 마비가 되어 버렸다. EMP는 전자기 펄스(electromagnetic Pulse)를 뜻하는 말로 그 위력이 확인된 것은 1958년 태평양 상공에서 실시된 수소 폭탄 실험에서였다. 당시 수소 폭탄이 폭발했을 때 방출된 감마선으로 전자기 펄스가 발생하여 멀리 떨어진 하와이의 가로등을 꺼트릴 정도였다. 이와 같이 전자기 펄스는 핵폭발에 의해 발생되기도 하지만, 번개가 칠 때도 발생하며 최대의 전자기 펄스는 태양 표면에서 발생한다. 전자기파는 전류가 흐르는 곳이면 어느 곳에서나 발생하며, 이러한 전자기파가 펄스 형태를 띤 것이 EMP인 것이다. 전자 폭탄의 원리는 1925년 물리학자 콤프턴(Arthur Holly Compton)의 산란 실험에서 발견되었다. 금속박에 X선을 비추면 고속의 전자들이 튀어나오는 현상이 발생하는데, 이를 콤프턴 효과(compton effect)라고 한다. 즉, 핵폭발 시에 EMP가 발생하는 것은 핵폭발 때 방출되는 고에너지 방사선이 주위의 원자를 때려 순간적으로 엄청난 양의 전자를 방출시키기 때문이다. 〈매트릭스〉에서도 그렇지만 미국이 전자 폭탄을 개발하는 이유는 사람이나 생물에게 피해를 주지 않고 전자 장비에만 피해를 주기 때문이다. 물론 이러한 전자 폭탄에도 단점이 있는데, 전자기파는 도체로 둘러 쌓인 곳은 통과하지 못한다는 것이다. 그리고 EMP를 쏜다고 해서 주변에 공간이 일그러지면서 퍼져 나가는 모습은 볼 수 없다. 이것은 EMP를 사용했다는 것을 나타내기 위한 워쇼스키 감독의 자상한 배려(?)이다.

아이, 로봇
(I, Robot, 2004)

〈크로우〉와 〈다크시티〉에서 비장하면서
도 암울한 미래의 모습을 관객에게 보여
준 이집트 출신의 알렉스 프로야스. 그
가 이번에는 〈반지의 제왕〉의 제작팀과
함께 새로운 미래의 모습을 제시한다. 로
봇 공학의 3원칙이 등장한다는 것만 제
외하면 원작 소설과는 별로 상관이 없기
는 하지만 아이작 아시모프(Isaac
Asimov)의 이름만으로도 이 영화는 충분
히 볼만한 가치가 있다고 할 수 있을 것
이다. 이 영화를 통해 인간과 로봇의 관계
에 대해 다시 생각해 보기로 하자.

스마트한 미래 세상

이 영화는 기존의 SF영화와는
달리 허황된 미래가 아니라 현재에 기반을 둔 미래의 모습을 보여

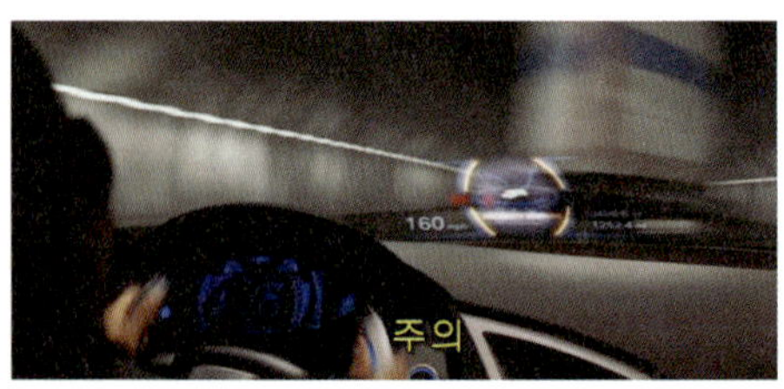

가까운 미래에 얼마나 스마트한 장비들이 등장할 지 사실적으로 보여 준다. 특히 자동운전시스템의 도입은 지금도 기술적으로 크게 어렵지 않지만 영화 속의 주인공과 같이 컴퓨터보다는 자신을 더 믿는 사람들이 많다는 것도 기술 도입에 걸림돌이 될 수 있다.

준다. 택배 회사 직원과 개를 산책시키고 있는 것이 로봇이라는 것만 제외하면 지금의 도시 모습과 별반 다르지 않다. 하지만 이중 우리의 눈길을 끄는 것이 있는데, 바로 ITS(지능형교통시스템: Intelligent Transport Systems)이다. 정체 없이 빠른 속도로 목적지까지 알아서 운전자를 안내해 주는 ITS는 교통 지옥 속에 사는 우리에게 너무 매력적으로 보이는 시스템이다. 우리나라도 매년 교통혼잡과 사고처리 및 교통시설 건설비용이 급증함에 따라 교통체계효율화법을 제정하여 ITS를 통해 이 문제를 해결하려고 한다. ITS의 구성 요소 중에서 특히 스마트 카와 스마트 도로는 이 영화의 중요한 볼거리이다. 물론 지금도 우린 스마트 카드, 스마트 키, 스마트 윈도, 스마트 폭탄 등 충분히(?) 스마트한 세상에 살고 있다. 이때 '스마트'라는 말은 지능적(intelligent)이라는 뜻으로 이들 제품들이 다른 제품보다 그만큼 더 똑똑하다는 것을 나타낸다. 후방감지기나 GPS, 네비게이션과 같이 초보적인 스마트 장비는 이미 일반화되고 있다. 하지만 스프너 형사(윌 스미스 분)가 탄 아우디 차량에 비하면 초라해 보이는 것이 사실이다. 운전자에게 자동차 주위의 상황에 대해 알려줄뿐만 아니라 도로의 상황을 파악해 자동차의 흐름을 원활하게 하고, 사고가 나면 신속하게 처리하는 것이 미래 스마트 도로의 모습이다. 스마트 카의 경우 위험을 감지하면 자동으로 브레이크를 작동시켜 위험을 벗어나게 한다. 뿐만 아니라 영화에서와 같이 도로와 무선 연결될 자동차는 자동 운전이 됨으로써 운전자는 신문을 보거나 영화를 보든 등의 다른 일을 할 수 있게 된다. 영화 속에서와 같이 자동 운행이 가능하려면 도로 상의 많은 차량이 감지기와 네트워크 장비를 장착하고 있어야 한다. 자동차와 외부 정보센터를 통해 운전자에게 각종 정보를 제공하는 무선데이터 서비스를 텔레메틱스(telematics)라고 하는데, 이를 통해 운전자는 더욱더 안전하고, 편리하며, 즐거운 운전을 할 수 있을 것이다. 또한 부모와 렌터카 회사는 차량을 제한 속도 내에서 운전하는지 어디에 있는지 알 수 있고, 차량 도난 방지도 할 수 있을 것이다. 레이더와 적외선 장치를 통해 전방에 갑자기 나타난 물체에 대한 정보를 미리 알려주는 것과 같이 이 시스템을 운용하는 데 필요한 기술의 상당 부분은 이미 개발되어 있다. 또한 조만간 자동 운행이 가능할 만큼의 관측 및 제어 시스템을 갖춘 차량의 개발이 가능할 것이다. 사정이 이러하지만 아직까지 이러한 시스템을 장착하겠다고 발표한 제조사는 없다. 왜냐하면, 진짜 문제는 기술이 아니라 사람이 될 수도 있기 때문이다. 영화 속에서는 스프너만 기계를 믿지 못하는 것 같이 보이지만 사실 많은 운전자들이 스프너와 같이 기계를 믿는 것보다 자신이 운전하는 것을 더 좋아한다. 또한 자동차 제조사의 입장에서는 오작동에 의한 소송에 휘말리는 것도 장착을 꺼리는 중요한 이유가 될 것이다. 시스템의 과다 대응으로 탑승자가 부상을 입는다면 운전자는 자동차 회사를 상대로 소송을 벌일 것이 뻔하기 때문이다. 분명 스마트 카와 스마트 도로는 원활한 교통 소통과 사고 감소라는 측면에서 도입이 불가피해 보이지만 자칫 기술적인 문제에만 치중하다 보면 교육행정정보시스템 도입에서 보여준 것 같이 다른 문제가 생길지도 모를 일이다. 차량에 텔레메틱스 장비가 장착될 경우 개인의 위치와 운행 정보가 일일이 기록될 수 있기 때문에 사생

활 침해 소지가 있기 때문이다.

인간과 로봇

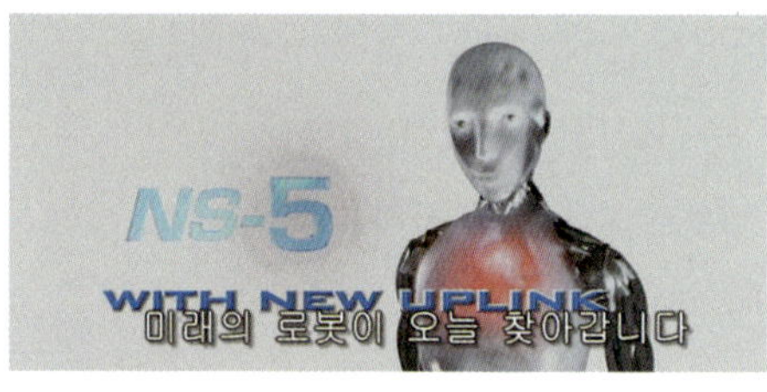

인간을 닮은 NS-5의 모습에서 친근함과 함께 섬뜩한 생각도 든다.

로봇 공학의 3원칙은 로봇을 만드는 데 있어 가장 철저하게 지켜져야 하는 말 그대로 '원칙' 이다.

토리노 동계올림픽, 국제원자력기구(IAEA)에 초대 받아 참석하고, CNN이나 BBC 방송에 출연한 어린이들의 우상 '휴보(HUBO)'. 휴보는 일본의 최첨단 로봇 아시모(Asimo)와 비교해도 손색없는 한국 로봇 공학의 자존심이기도 하다. 로봇(robot)은 체코어의 '(강제로) 일한다' 는 뜻의 robota에서 온 말로 1920년 체코슬로바키아의 작가 K.차페크가 희곡 〈로섬의 만능 로봇 : Rossum's Universal Robots〉에 처음으로 사용되었다. 통칭하여 로봇이라고 이야기하지만 여기에도 여러 가지 종류가 있다. 스프너나 600만 불의 사나이, 로보캅과 같은 경우를 사이보그(cyborg)라고 한다. 사이보그는 cybernetic과 organism의 두 단어를 합성하여 만든 말로 신체의 일부를 기계로 교체한 인조인간 또는 생물과 기계 장치의 결합체를 뜻한다. 현재 사이보그 기술은 일본과 유럽 등지에서 활발하게 연구 중이며, 1998년 영국에서는 세계 최초로 팔을 잃은 장애인에게 로봇팔 이식 수술이 이뤄지기도 했다. 안드로이드(android)의 경우에는 유전공학적 인조인간을 뜻하는 말로

〈블레이드 러너〉에 등장하는 복제 인간들이 여기에 속한다. 휴머노이드(humanoid)는 사람과 닮은 것을 지칭하는 말로 허수아비와 같이 사람을 닮았다면 무엇이든 휴머노이드라고 부를 수 있다. 로봇이라는 말이 20세기 초에 등장하기는 했지만 로봇의 전단계인 자동인형(automata)은 이미 고대 그리스나 중국에서 만들어 졌다. 이와 같이 로봇(또는 자동인형)이 오랜 기원을 가지는 만큼 인간의 관계에 대한 고민의 역사 또한 그만큼 오래되었다. 즉, 인간과 같은 모습을 하고 인간과 같이 행동하는 자동 인형을 인간과 어떻게 구분할 것인가? 이러한 질문에 처음으로 대답을 제시한 것이 인공지능(A.I.)의 창시자로 일컬어지는 앨런 튜링(Alan Turing)이다. 그는 1936년 현대 컴퓨터 모델의 원형이라고 불리는 튜링머신(Turing Machine)을 고안해 냈으며, 1943년 콜로서스(우리들이 흔히 세계 최초의 컴퓨터라고 배우는 미국의 에니악보다 3년이 빠르다)라는 컴퓨터를 만들어 낸다. 그는 모방게임(튜링테스트라고 불린다)을 통해 인간처럼 행동하는 기계는 생각한다고 할 수 있다고 하였는데, 영화 속 써니의 경우 스프너의 윙크를 배워

1943년에 만들어진 콜로서스는 최초의 컴퓨터이다.

활용하는 모습을 보여줌으로써 생각한다는 것을 보여 주었다. 써니를 취조하는 스프너의 모습은 여타의 인간 용의자를 다루는 모습과 별반 다르지 않다.

아시모프는 편집자 존 캠벨과 작품 구상을 토론하던 중 그를 '로봇 공학의 아버지'로 불리게 만든 유명한 '로봇 공학의 3원칙'을 생각해 냈으며 그 내용은 다음과 같다.

제1원칙 : 로봇은 인간에게 해를 끼쳐서는 안 되며, 위험에 처해
있는 인간을 방관해서도 안 된다.

제2원칙 : 로봇은 제1원칙에 어긋나지 않는 한, 인간의 명령에 반
드시 복종해야만 한다.

제3원칙 : 로봇은 제1원칙과 제2원칙에 어긋나지 않는 한, 자기
자신을 보호해야만 한다.

이 로봇 공학 3원칙을 통해 아시모프는 로봇 공학의 아버지로 불리게 되지만, 사실 이 원칙들은 인간과 로봇의 관계를 주인과 노예로 규정해 놓은 것이나 다름없다. 아시모프는 그의 소설에서 로봇이 인간보다 더 뛰어난 존재라고 주장했지만 영화에서 그림을 그리거나 음악을 작곡하는 것과 같은 창조적인 분야에서는 인간이 더 뛰어나다는 이중적인 태도를 보였다. 스프너는 써니가 그림을 그리거나 음악을 작곡할 수 없기 때문에 기계일 뿐이라고 몰아붙이자, 써니는 당신은 할 수 있는지 묻자 스프너는 대답을 하지 못한다. 그렇다면 로봇은 창조성이

로봇 화가인 아론이 그린 작품. 웬만한 사람보다 뛰어난 능력을 보이지만 아론의 작품이 단순히 프로그램에 의한 것이기 때문에 작품이라고 볼 수 없다는 주장도 있다.

없을까? 미국의 코헨 교수가 개발한 아론(Aaron)이라는 로봇 화가는 웬만한 화가 못지않은 그림 실력을 지니고 있다. 물론 아론의 그림이 프로그램에 의한 것이기 때문에 창조성이라고 볼 수 없다는 주장도 있지만 아론이 어떤 그림을 그릴지 예측할 수 없기 때문에 창조성을 가지고 있다는 반론을 펴기도 한다. 로봇 심리학자인 수잔

캘빈 박사는 이 로봇 공학 3원칙 때문에 로봇이 절대로 인간을 살해할 수 없다고 철저히 믿는다. 하지만 USR의 인공지능 컴퓨터인 비키(VIKI)가 인간이 아닌 인류의 보존을 위해

비키는 죽기(?) 전에 자신의 논리가 완벽하다고 주장한다. 그렇다면 무엇이 문제인가?

반란을 일으키듯이 아시모프는 이 3원칙만으로는 부족함을 느껴 후일 0원칙을 추가한다. 로봇은 인류에게 해를 입혀서는 안될 뿐만 아니라 위험을 간과함으로써 인류에게 위해를 끼쳐서도 안 된다는 것이다. 하지만 영화 속에서는 이 0원칙을 지키기 위해 반란을 일으킨 듯이 보인다. 그렇다면 영화 속의 써니와 같이 인공지능을 가진 로봇을 만들 수 있을까? 이에 대해 한스 모라벡과 같은 로봇 공학자는 무어의 법칙을 근거로 현재 곤충 수준의 지능을 가진 로봇이 2030년에는 원숭이, 2050년이면 인간의 지능을 능가할 것이라고 주장한다. 또한 자신의 팔에 실리콘 칩을 이식함으로써 스스로 사이보그가 된 케빈 워윅 교수의 경우에도 언젠가는 지구의 주인이 로보사피엔스(Robo Sapiens)가 될 것이라고 이야기한다. 분명 로봇은 진화하고 있으며, 성능이 날로 향상되고 있다는 것은 누구도 부정하지 못한다. 그렇다면 미래의 로봇은 인간과 어떤 관계를 가질까? 뛰어난 능력을 가지고도 우리의 노예로 있을 것인가? 아니면 적? 그것도 아니면 친구가 되어 있을까?

스타 워즈 에피소드 3–시스의 복수
(Star Wars: Episode III-Revenge of the Sith, 2005)

〈스타 워즈 에피소드 3〉는 현대 대중문화의 중요한 부분을 차지하며, 영화사에 길이 남을 스타워즈 시리즈의 완결편. 30년 동안 수많은 이야깃거리와 기록을 남겼던 6부작 시리즈가 아쉬움을 뒤로 하고 드디어 대단원의 막을 내린 것이다. 앞서 개봉한 두 편의 프리퀄(Prequel)에 대해 다소 시큰둥한 반응을 보였던 평론가들조차 일제히 찬사를 보낼 만큼 이번 작품은 모든 면에서 뛰어났다.

〈스타 워즈〉라는 영화를 이야기하면 검은 망토와 가면의 다스 베이더, 제다이 기사의 포스와 광선검 같은 것들이 떠오를 것이다. 또한 서부 활극을 우주로 옮겨 놓은 듯 화려한 우주 전투 장면은 가히 일품이라 할 수 있다. 1977년 〈스타 워즈〉가 개봉될 당시 미국은 베트남전의 패전과 워터게이트 사건 등으로 매우 혼란스러웠다. 이러한 사회 분위기 속에 자신들의 선조들이 꿈을 펼쳤던 서부 개척 시대의 향수를 느끼게 하는 우주 활극은 미국인들을 단번에 사로잡았다. 미국인뿐만 아니라 필자와 같이 어린 시절 아버지의 손을 잡고 극장에 찾아가 이 영화의 매력에 푹 빠진 사람도 많을 것이다. 비록 이 영화 속에 많은 과학적인 오류가 등장하지만 오류가 영화의 흠이 되지는 않으며, 영화의 재미를 반감시키지도 않는다.

제다이의 포스

중세 기사의 모습을 한 제다이를 우주에 옮겨 놓고 보니 어떤 특별한 능력이 필요하게 되었는데, 그것이 바로 '포스(force)인 것이다. 제다이 기사의 모든 힘은 포스에서 나오며, 그들의 세포 속에 살고 있는 조

광선검과 포스로 대결하고 있는 아나킨과 듀크 백작. 정체를 알 수 없는 힘인 포스는 기(氣)와 여러 면에서 닮은꼴이다.

그만 생물체인 미디클로리언(Mid-chlorians) 수치에 따라 능력이 달라진다고 한다. 물론 세포 속에 전자 현미경까지 동원해도 보이지 않을 만큼 작은 생물체가 살지는 않는다. 포스는 일본 사무라이 영화에 영향을 받은 루카스 감독이 동양의 '기(氣)'를 SF 버전으로 재해석한 것이라 할 수 있다. 포스는 주술에서 이야기하는 마나(Mana) 또는 동양의 기와 비슷한 개념인데 과연 포스는 어떠한 힘일까?

포스를 사용할 수 있는 것은 제다이 기사와 같이 수련을 쌓은 사

〈스타 워즈 4: 새로운 희망〉 스타 워즈의 '포스가 함께 할 것이다'라는 유명한 대사는 오비완 케노비가 이제 막 자신의 능력을 깨닫기 시작한 루크에게 한 말이다.

람들이다. 스타 워즈에서 유행하는 말 중에서 유명한 것은 '포스가 함께 할 것이다'와 '포스를 느껴라'는 말이다. 이는 우리가 평소에 힘을 느끼지 못하더라도 힘의 장(force field)이 형성되어 있는 상황과 매우 비슷하다. 포스는 분명 오랜 세월 동안 사람들의 사고를 지배했던 물활론적인 사고방식과 비슷하다. 이제는 폐기된 이러한 물활론적 사고가 물리학에서 힘의 작용을 설명하기 위해 도입하는 장의 개념과 비슷한 외형을 가지고 있다는 것에 재미를 느낄지 모르겠다. 하지만 이러한 유사성은 많은 사람들의 흥미를 끌 수는 있겠지만 물리학에서 어떤 특별한 의미를 가지지는 못한다.

물리학이 지금까지 밝혀낸 힘의 종류는 4가지이다. 그 힘은 전자기력, 중력, 약력과 강력이다. 일상생활을 지배하는 힘은 전자기력과 중력이다. 물체를 잡을 때 작용하는 마찰력이나 스프링을 잡아당길 때 작용하는 탄성력의 정체가 사실은 전자기력이다. 모든 화학 결합도 전자기력에 의한 것이다. 중력은 지구를 묶어주는(지구를 구의 형태로 만드는 것이나 태양계에 묶어두는 것과 같이) 힘으로, 대류 현상에 의한 기상 현상도 중력이 존재하기 때문에 나타나는 현상이다. 약력과 강력은 말 그대로 원자핵의 크기에서 작용하는 힘이다. 강력은 원자핵이 붕괴되지 않도록 유지시켜주는 힘이고, 약력은 중성자가 양성자로 바뀌는 베타 붕괴와 관련된 힘이다.

제다이가 사용하는 포스는 이 중에서 어떤 종류의 힘에 속할까? 포스가 마나가 되었건, 염이(PK)이 되었건 초감각적 지각(ESP) 또는 기가 되었건 여하튼 물체에 힘을 가할 수 있다면 그것은 물리적인 실체를 가진 힘의 한 종류가 되어야 한다. 그렇다면 우리는 힘을 측정할 수 있는 관측 장비를 통해 이것을 찾을 수 있을 것이다. 하지만 아직까지 어떠한 초능력적인 힘도 공식적으로 관측된 바가 없다. 물론 반중력과 같이 우리가 알지 못하는 5번째 힘이 존재할 수도 있다. 그 힘이 존재한다고 해도 지금까지 알려진 바에 의하면 기존의 힘들에 비해 터무니없이 작은 힘이기 때문에 포스의 후보가 될 만큼 강하지는 못할 것으로 여겨진다. 또한 포스는 진공으로부터 에너지를 빌려온 영점 에너지(zero point energy)일 수도 있다. 양자 역학적인 진공은 매우 매력적인 공간이다. 양자 역학에 의하면 진공은 아무것도 없는 빈 공간이 아니라 끊임없이 부글부글 요동치는 공간이다. 이는 시간과 에너지의 불확실성에 기인하는 것으로 우리의 우주가 이러한 진공 요동에 의해 탄생했다고 주장하는 물리학자도 있다. 아무튼 진공인 공간으로부터 아주 짧은 시간(10^{-36}초) 동안 영점 에너지를 빌려 올 수 있기 때문에 이를 이용할 방법을 찾는 과학자나 기술자들이 있지만 그들의 연구가 성공할 것이라고 믿는 과학자는 거의 없다. 이는 그것이 너무 짧은 순간에 너무 작은 에너지가 나타났다가 사라져 마치 영구 기관을 만들고자 희망하는 것과 같기 때문이다.

아직까지 과학자들에 의해 공식적으로 염력이나 초감각적 지각이 관측된 경우는 없었다. 물론 공식적으로 관측되지 않았다고 해서 존재하지 않는다고 단정 지어 말할 수는 없다. 증거의 부재가 부재의 증거가 될 수는 없기 때문이다. 혹시 공부하다가 잠시 게임할 때 뒤통수에 느껴지는 힘이 포스일까? 그렇다면 엄마가 다스 베이더?

코러스
(Chorists, Les Choristes, 2004)

'장난꾸러기 소년들의 영혼을 울리는 하모니와 함께 진한 감동이 울려 퍼지는 아름다운 영화' '가족들이나 연인뿐 아니라 누구에게 추천해도 손색없을 영화'가 바로 이 영화이다. 〈죽은 시인의 사회〉에서 학교를 떠나는 존 키팅(로빈 윌리엄스 분)에게 존경을 표시했던 학생들과 같이 여기서는 아이들이 종이비행기를 날리며 사랑을 표시하는 장면은 매우 인상적이다.

2차 세계대전 직후 수용소 같은 분위기를 느끼게 하는 프랑스의 작은 기숙사 학교에 임시 음악 교사로 클레몽 마티유(제라르 쥐노 분)가 부임해 온다. 전쟁고아에서부터 도둑질을 하는 아이들까지 말썽꾸러기들로 가득한 이 학교의 교장은 오로지 '액션–리액션'의 원칙에 따라 체

벌 위주로 학교를 이끌어 간다. 이러한 학교에서 마티유는 음악을 통해 아이들을 사랑으로 지도하여 아이들뿐만 아니라 학교의 분위기를 바꾸어 놓는다. 〈스쿨 오브 락〉이나 〈뮤직 오브 하트〉, 〈시스트 액터〉 등 많은 영화에서도 음악을 통해 사람들이나 환경이 변하는 모습을 많이 볼 수 있었다. 그렇다면 과연 음악은 사람을 변화시킬 수 있는 힘이 있는 것일까?

적절하게 사용된 음악은 영화나 드라마를 죽이기도 하고 살리기도 하는데, 이는 음악이 그만큼 시각 정보 못지않게 사람의 감정에 호소하는 힘이 있기 때문이다. 음악이 이러한 힘을 가지고 있다는 것은 매우 놀라운 사실이기도 한데, 청각신경

노래를 부른다는 것은 항상 즐거운 일이다.

계는 시각신경계의 부피의 고작 3% 정도밖에 되지 않기 때문이다. 하지만 아무리 미개한 문명이라 하더라도 나름대로의 음악을 가지고 있으며, 아무런 음악 교육을 받지 않은 사람이라 하더라도 음악을 즐길 줄 안다는 것은 음악이 인간의 유전자에 내재된 타고난 능력 중의 하나라는 것을 말해 준다. 이것은 우리가 음악을 이해하는 것은 웃음이나 울음과 같이 자연적으로 할 수 있다는 뜻이다. 우리는 간혹 식물이나 동물들에게 클래식 음악을 들려주면 더 잘 자란다는 이야기를 듣곤 한다. 그렇다고 오이나 소가 음악 감상을 하는 것은 아니며, 단지 진동을 느낄 뿐이다. 그들은 음악을 이해할 수 있는 뇌를 가지고 있지 않기 때문에 오로지 인간만이 음악을 이해한다고 할 수 있다. 고래와 같이 많은 동물이 노래를 부르기는 하지만 그들의 노래는 단순한 음의 반복일뿐 영화 속 소년들의 합창에 비할 바가 못 된다.

음악을 듣게 되면 감정의 기복이 생기는 것으로 봐서 음악이 신체에 어떤 영향을 끼친다는 것은 분명하다. 음악이 아이들에게 긍정적인 영향을 끼치며, 환자들의 회복 속도를 향상시킨다는 증거도 많이 있다. 실험에 의하면 우리가 음악을 듣고 기분이 좋아지는 것은 음악이 엔도르핀이나 도파민의 분비에 관여하기 때문이라는 증거가 있다. 심지어 혼수상태의 환자까지도 음악에 반응했다고 한다. 이러한 여러 가지 근거를 가지고 음악 치료가 시행되고 있는데, 치매나 자폐증 등의 치료에 활용되고 있다.

모차르트 효과를 낸다는 음반. 오랫동안 논란의 대상이었던 모차르트 효과는 최근 별 효과가 없다는 연구 결과가 발표되었다.

한때 모차르트의 "두 대의 피아노를 위한 소나타 D장조 K.448"가 IQ를 높인다는 소문이 번져 모차르트 효과(Mozart effect)를 나타낸다는 음반이 날개 돋친 듯 팔린 적이 있었다. 모차르트 효과가 있다는 실험 결과도 있고, 그 반대의 결과도 있기 때문에 이것을 무조건 믿을 필요는 없을 것 같다(최근 연구 결과에 의하면 모차르트 효과가 없다고 한다). 하지만 분명한 것은 뇌의 오른쪽 전두엽에는 음악을 담당하는 곳이 있고, 사랑의 감정을 담은 세레나데가 사람의 마음을 움직인다는 것이다. 이와 같이 중요한 역할을 하는 음악이 교육 현장에서 비주요 과목으로 괄시를 받는 현실은 참으로 알 수 없는 노릇이다.

하울의 움직이는 성
(Howl's Moving Castle, 2004)

바쁘게 살아가는 30대들에게 향수를
불러일으키는 TV시리즈 〈미래소년 코
난〉. 너무나 정겨운 캐릭터로 20대의
마음을 사로잡은 〈이웃집 토토로〉. 가족
모두를 극장으로 이끌어낸 〈센과 치히로
의 행방불명〉 등과 같은 작품으로 국내
에서 가장 인기 있는 감독 중 한 사람으
로 확고한 입지를 굳힌 미야자키 하야오.
그가 이번엔 영국의 판타지 아동 문학가
다이애나 윈 존스의 동명의 동화를 애니
메이션으로 만든 것이 바로 〈하울의 움직
이는 성〉이다. 아름다운 세계 앵거리에서
펼쳐지는 마법을 과학의 눈으로 한번 바라
보자.

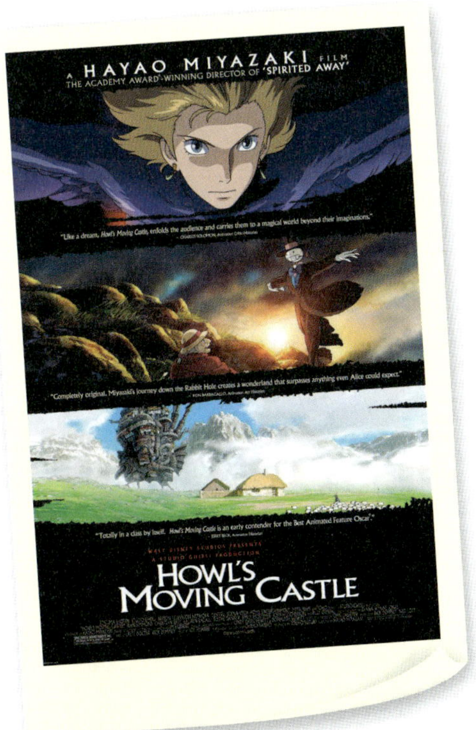

　이 영화에서도 이전의 미야자키
작품에서 볼 수 있었던 하늘을 나
는 거대한 비행기와 로봇(여기서는

‘움직이는 성’이 여기에 해당한다)이 등장하고, 푸른 초원을 배경으로 한 아름다운 자연이 등장한다. 또한 기계 문명에 대한 비판과 자연친화적인 메시지 또한 그의 여느 작품과 다르지 않다. 하지만 이 영화에서는 마법사 하울과 마법에 걸려 90세 노파가 되어 버린 소피의 사랑 이야기가 돋보인다는 것이 차이라면 차이점이다. 이 두 사람의 사랑을 연결시켜 주는 움직이는 성을 통해 어떻게 공간을 이동하며, 소피가 어떻게 과거로 갈 수 있었는지 알아보자.

순간이동이 가능한 마법의 문

하울의 ‘움직이는 성’은 말 그대로 움직이는 거대한 성이다. 걸어 다니는 것은 물론이고 마지막에는 날아다니기까지 한다. 성을 움직이는 데 필요한 동력은 캘시퍼라고 하는 불꽃 악마가 제공한다. 캘시퍼가 불꽃이기 때문에 하울의 거대한 성은 화력을 이용한다고 할 수 있을 것이다. 겨우 장작 몇 개비로 거대한 성을 움직일 수 있는 동력을 얻는다는 것이 형편없는 효율의 열기관을 가진 우리에게는 매우 놀라울 따름이다. 하지만 더욱 놀라운 것은 성의 입구가 단순한 출입문의 역할만 하는 것이 아니라 다른 여러 장소로 연결이 되는 공간이동 장소이기도 하다. 하울의 성문은 왕궁이 있는 도시나 항구 등 여러 곳으로 갈 수 있기 때문에 소피는 이러한 하울의 성을

하울이 살고 있는 성은 마법의 힘으로 움직일 수 있다.

평범해 보이는 문이지만 원하는 장소로 순식간에 이동할 수 있게 해주는 마법의 문이다.

마법의 집이라고 부른다. 그렇다면 과연 마법 말고는 순간이동이 불가능한 것일까?

원리적으로 보면 순간이동(teleportation)을 할 수 있는 방법은 크게 두 가지로 생각해 볼 수 있다. 즉, 아주 빨리 달리거나 이동거리를 줄이는 방법이다. 아주 빨리 달린다는 것은 단순히 더 빠른 우주선을 의미하는 것은 아니다. 아인슈타인의 상대성 이론에 의하면 아무리 빠른 물체라도 빛의 속도에 도달할 수 없는데, 그것은 속도가 빨라지면서 물체의 질량이 증가하기 때문이다. 즉, 질량이 있는 물체가 빛의 속도에 도달하려면 무한대의 에너지가 필요한데 무한대의 에너지를 공급할 수는 없기 때문이다. 따라서 우주선으로 빠르게 달리는 데는 한계가 있어서 양자원격이동(quantum teleportation)이라는 방법을 사용하는 것이다. 〈스타트렉〉에서는 승무원들을 분해하여 에너지 형태로 바꾼 후 전송하고 원하는 장소에서 다시 조립시키는 방법을 통해 이동시킨다. 사실 〈스타트렉〉에서 이러한 방법을 사용한 것은 우주선 착륙 장면을 매회 촬영하기에 비용이 많이 들었기 때문인데 오히려 그것이 마치 〈스타트렉〉의 상징처럼 되어 버린 것이다. 인간이 파리의 유전자와 결합되는 사고가 발생하여 다소 충격적인 느낌을 주는 〈플라이〉도 순간이동에 대한 영화이다. 이렇게 순간이동은 SF에서나 가능한 것으로 생각되어 왔었지만 최근 빛의 알갱이인 광자(photon)를 이동시키는 실험이 성공하면서 순간이동이 불가능하지 만은 않을 것이라고 생각하는 사람들이 많아졌다. 물론 아직까지 물질을 이동시킨 것이 아니라 광자, 그것도 양자 상태를 이동시킨 것에 불과하지만 이것을 물질 이동의 시작으로 보는 것이다. 하지만 이 방법으로 사람을 이동시키기 위해서는 몸을 양자 단위로 모두 쪼개서 전송해야 하는데 지금의 전송 기술로는 이 엄청난 데이터를 모두 전송하는데 우주의 나이보다 훨씬 오랜 시간이 걸린다고 한다.

두 번째 이동 거리를 줄이는 방법은 흔히 웜홀(wormhole)이라고 불리는 우주의 지름길을 이용하는 것이다. 웜홀이라는 용어는 블랙홀이라는 용어를 만들어낸 존 휠러에 의해 제시된 것으로 그는 시공간의 휘어짐을 연구하면서 이렇게 독특한 우주의 공간에 대해 제시를 한 것이다. 웜홀은 아인슈타인-로젠 다리(the Einstein-Rosen bridge)라고도 불리며 우리 우주와 다른 우주를 이어주는 통로라고 여겨진다. 물론 이것은 다른 우주뿐만 아니라 웜홀을 원하는 두 지점 사이에 만들 수 있다면 어느 곳이든 순식간에 이동할 수 있다. 항성 간 우주여행에서 새로운 여행 수단이 필요함을 알고 있었던 칼세이건은 그의 소설 《콘택트》에서 앨리를 26광년 떨어진 직녀성까지 웜홀을 이용해 갔다 오는 것으로 묘사한 것이다. 칼 세이건은 이소설을 쓰면서 웜홀을 이용해 우주여행이 가능한지를 친구인 칼텍의 킵손에게 문의했다. 킵손은 이를 그의 제자인 마이클 모리스와 연구를 통하여 웜홀을 이용해 순간이동이 가능하다는 것을 증명하고, 이를 위해서는 '별난 물질(exotic matter)'이 필요하다는 것도 알아냈다. 즉, 아인슈타인-로젠 다리로 불리는 이전의 웜홀은 그것이 너무나 순식간에 사라지기 때문에 빛조차 그것을 통과할 수 없었다. 하지만 킵손의 웜홀은 별난 물질로 우주선이 그 사이를 통과할 수 있을 만큼 웜

성은 부서지고 문만 남았지만 문을 열고 가면 다른 시간과 공간으로 이동이 가능하다.

홀의 입구를 열어 둘 수 있었다. 웜홀 입구를 유지하기 위한 물질을 별난 물질로 부른 것은 이것이 일반 물질과 달리 진공보다 가볍고 척력(만유인력의 법칙에서 알 수 있듯이 일반 물질들 사이에는 인력이 작용한다)을 가졌기 때문이다. 또한 킵손은 이 웜홀이 과거로 갈 수도 있는 타임머신의 역할도 할 수 있다는 것을 알아냈다. 하지만 놀랍게도 이 방법은 이미 루이스 캐럴의 동화 《이상한 나라의 앨리스》에 등장하는데 앨리스가 이상한 나라로 들어가는 토끼굴이 바로 웜홀에 해당한다. 〈하울의 움직이는 성〉도 이러한 동화의 전통(?)을 따르고 있는 듯이 보인다. 바로 성의 출입문을 왕궁까지 연결해 문을 열고 나가면 그만인 것이다.

과거로 가는 마법의 문

소피가 하울을 이해하기 위해 과거로 가는 장면이 있었다. 이 장면 또한 성의 문이 웜홀로 연결되어 있음을 추정할 수 있는 데, 소피가 이 문을 통해 과거의 하울과 만나기 때문이다. 이때 소피가 하울에게 기다려 달라고 이야기하면서 다시 현재로 돌아온다. 그리고 상처를 입고 쓰러져 있는 하울에게 소피는 이때까지 자신을 기다려 줬

소피는 마법의 문을 통해 하울의 어린 시절로 가서 하울을 만난다.

는데 그것도 몰랐다면서 미안해 한다. 그렇다면 어린 시절의 하울은 이미 지금의 소피를 만났으며 이 때문에 기다린 것이 된다. 이렇게 되면 미래가 과거의 원인이 되는 야릇한 상황이 벌어지는데 이는 어떻게 해석하면 좋을까?

　타임머신이 만들어질 수 없다고 주장하는 가장 큰 이유는 타임머신이 바로 인과율을 파괴할 수 있다는 것이다. 즉, 타임머신을 타고 과거로 가서 사고로 자신의 할머니를 죽였다고 치자. 그렇게 되면 나는 태어날 수 없게 되는데 내가 태어났기 때문에 인과율이 성립하지 않게 되는 것이다. 하지만 타임머신이 가능하다고 믿는 사람들은 과거로 갈 수 있다고 하더라도 과거를 바꿀 수 없다는 주장을 하거나, '다중 세계 해석(many-worlds interpretation)'을 통해 이 문제를 피해 나가기도 한다. 다중 세계 해석이라는 것은 우주를 구성하고 있는 양자들에게 어떤 선택이 주어질 때마다 서로 다른 평행 우주로 갈라져 나간다는 것이다. 이러한 해석은 양자역학이라는 어렵고 난해한 이론을 배경으로 하고 있는데 쉽게 이야기하면 소피가 과거로 가서 하울에게 영향을 준 것은 영향을 주지 않은 것과 또 다른 세계라는 것이다. 우리는 우리에게 일어날 수 있는 무수히 많은 상황 중에서 하나의 상황 속에 살고 있는 것이다. 과거의 어떤 잘못된 선택으로 힘들다면 또 다른 우주에는 옳은 선택을 한 내가 행복하게 살고 있다는 생각을 해 보는 것이 오늘을 힘겹게 살아가는 여러분에게 조금의 위안이 될지도 모르겠다.

마스터 앤드 커맨더: 위대한 정복자
(Master and Commander: The Far Side of the World, 2003)

〈마스터 앤드 커맨더: 위대한 정복자〉는 19세기 나폴레옹 시대를 배경으로 벌어지는 영국과 프랑스 함선 사이의 전투를 그린 모험 서사극이다. 패트릭 오브라이언의 대하소설을 원작으로, 일반적인 해전을 다루고 있는 영화들이 액션에 초점을 맞추고 있는 것과 달리 임무를 완수하려고 노력하는 충성스러운 선원들의 이야기를 다룬 영화이다. 카리스마 넘치는 잭 오브리(러셀 크로우 분)선장과 그의 충성스러운 197명의 선원이 탑승한 대영제국 서프라이즈호(HMS Surprise)에 프랑스 함선 아케론호(Acheron)를 침몰시키라는 명령이 떨어진다. 명령을 받은 잭은 아케론호를 잡기 위해 출항하지만 오히려 기습을 받아 심각한 피해를 입는다.

이 영화는 많은 고증을 거쳐 당시 항해

모습을 엿볼 수 있고, 덤으로 아름다운 갈라파고스 군도를 스크린에서 감상할 수 있는 영화이다.

배는 어떻게 물에 뜰까?

사람들은 오랜 세월 동안 배는 나무로 만들어야 한다고 생각했다.

지금은 대양을 누비는 대형 선박들의 대부분이 철제선이기 때문에 쇠로 만든 배가 바다에 뜬다는 것을 이상하게 생각하는 사람들은 아무도 없다. 하지만 〈타이타닉〉에서 알 수 있듯이 쇠로 만든 배는 물에 가라앉기 마련이다. 이와는 달리 〈로빈슨 크루소〉에서는 배가 난파해도 부서진 배의 파편들이 물에 떠서 해안으로 밀려온다. 두 배의 차이점은 하나는 쇠로 만들었고, 다른 하나는 나무로 만들었다는 것이다. 쇠와 나무의 차이는 밀도이다. 즉, 배가 물에 뜨는 것은 부력에 의한 것이며, 배는 밀도가 큰 물질로 만들었을 경우 침몰할 수 있다는 것을 의미한다. 〈진주만〉에서 일본은 수심이 얕은 진주만에 어뢰를 투하하기 위해서 나무판자를 끼운 어뢰를 사용하는 것도 모두 부력을 이용한 것이다.

흘수선을 통해 배가 안전하게 항해할 수 있는 적정 선적량을 쉽게 알 수 있다. 영화에서 타이타닉은 빙산 출현 경고도 무시하고 전속 항해를 하다가 침몰하게 되는데, 이것은 타이타닉호가 너무나 거대했기 때문이다. 즉, 운동하고 있는 물체는 계속 운동을 하려는 관성을 가지는데, 관성은 질량에 비례하므로 물체의 질량이 클수록 운동 방향을 바꾸기가 어려운 것이다. 따라서 빙산을 보고도 쉽게 방향을 바꾸지 못해 충돌하는 것이다. 이렇게 거대한 배를 만들 수 있게 된 것은 철제 건조가 가능했기 때문이다. B.C. 2500년에 아르키메데스가 목욕을 하다가 부력의 원리를 발견했음에도 불구하고, 1787년 윌킨슨이 철판으로 배를 만들어 띄우고, 1821년 최초의 철제 증기선이 영국 해협을 건너기 전까지는 강철로 배를 만든다는 생각을 한 사람들은 웃음거리 취급을 당했다. 왜냐하면 나무는 물에 뜨지만 철은 당연히 물에 가라앉는다고 생각했기 때문이며, 타이타닉호도 강철로 만들어졌기에 가라앉은 것이다. 이와 같이 강철로 만든 배는 강철이 물보다 밀도가 크기 때문에 항상 부력을 잃고 침몰할 가능성이 있다. 그렇기 때문에 배에는 적정 흘수한도가 정해져 있어, 안전하게 항해할 수 있는 적정 선적 중량을 알 수 있도록 배의 선수와 선미에 표시가 되어 있다. 흘수는 물속에 잠긴 선체의 깊이를 말하며, 선수와 선미 및 중앙부에 흘수를 숫자로 표시한 것을 흘수표라고 한다. 영화에서도 잭(레오나르도 디카프리오 분)이 타이타닉호를 타고

배 아래를 내려다 볼 때 배에 숫자가 기록된 것을 볼 수 있는데 이것이 바로 흘수표이다. 흘수표 이외에도 배에는 'ㄹ'자 모양의 꺾은선으로 그려진 표시가 있는데, 이것은 만재 흘수선(full load draft line)을 나타낸다. 즉, 배가 화물이나 승객을 싣고 안전하게 항해할 수 있는 최대

카리스마 넘치는 모습의 오브리 선장. 배의 모양을 보며 더 빠르게 항해할 수 있는 방법에 대해 고민 중이다.

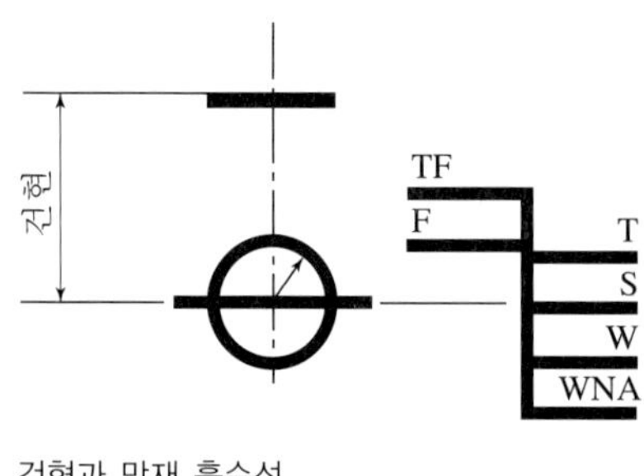

건현과 만재 흘수선

한의 흘수를 표시한다. 만재 흘수선은 지나친 적재로 인한 재난을 미리 방지하기 위해 법으로 정해져 있다. 만재 흘수선은 해수와 담수로 나누며, 해수의 경우 항해하는 해역, 계절, 배의 용도 등에 따라 하절기 열대 만재 흘수선(T)·만재 흘수선(S)·동절기 만재 흘수선(W)·동절기 북대서양 만재 흘수선(WNA)으로 나눈다. 담수의 경우 열대 담수 만재 흘수선(TF)·하절기 담수 만재 흘수선(F) 등이 옆쪽으로 표시되어 있다. 북대서양 만재 흘수선이 가장 낮은 이유는 동절기 북대서양에는 폭풍이 많기 때문에 안전을 위해 적재량을 줄이는 것이다. 또한 원에 직선을 긋고 K-R이나 A-B와 같은 알파벳이 표시되어 있는 것이 있는데, 이것을 건현표(free-board mark)라고 한다. 사실 갑판이 물에 잠기지 않는다면 배는 물에 떠 있기 때문에 항해가 가능하다. 하지만 이때에는 예비 부력이 전혀 없기 때문에 조그만 파도에도 선실에 물이 차서 침몰할 가능성이 많아 건현을 통해 예비 부력을 확보해야 한다. 건현(free-board)은 갑판의 윗면에서 만재 흘수선 표시 윗면까지의 거리를 뜻한다. 알파벳은 건현을 규정한 나라를 뜻하는데, 우리나라 배에는 K-R, 미국 배에는 A-B로 표시되어 있다.

이와 같이 배가 물에 뜨기 위해서 부력의 확보는 매우 중요한 문제이다. 이 때문에 배는 외부의 충격에 의해 파손이 되어도 침몰되지 않고 뜰 수 있게 방수 구역으로 나뉘어져 있어 두 동강이 난 배가 물위에 떠 있었던 경우도 있었다. 하지만 애석하게도 타이타닉호는 5개의 방수 구획이 침수되는 바람에 나머지 부분의 부력으로 뜰 수가 없어 침몰하고 만 것이다.

대포를 어디에 장착할까?

오브리 선장의 서프라이즈 호와 프랑스의 아케론호는 서 로 배의 옆면에 장착된 대포로 상대의 배를 공격한다. 해전에 서 대포의 중요성은 두말할 필 요가 없을 것이다. 하지만 대포 는 대단히 무거운 무기이자 포

대포를 상갑판 아래로 내림으로써 더 많은 대포를 장 착할 수 있게 되었다.

를 발사할 때 많은 공간을 차지하는 무기이기도 하다. 즉, 대포를 발 사할 때 반작용으로 인해서 뒤로 밀리기 때문에 갑판에는 겨우 소형 대포 몇 문을 올려놓을 수밖에 없었다. 대포를 더 많이 장착하기 위 한 가장 놀라운 발전이 바로 대포를 갑판 아래에 장착하는 것이었다.

배에는 부력만 작용하는 것이 아니라 중력도 작용한다. 부력과 중 력은 기울어진 배를 바르게 세워주는 복원력이 될 수도 있고, 완전 히 전복시키는 회전력이 될 수도 있다. 즉, 배의 설계에 따라 배는 안정된 배가 될 수 있고 불안정한 배가 되어 조그만 파도에도 전복 될 수 있게 된다. 배가 물속에 잠기면 잠긴 면에 수직으로 압력이 가 해지며, 이 힘들을 모두 합하게 되면 위쪽으로 향하는 하나의 힘이 남게 되는데 이것이 부력이다. 부력은 배의 전체 부피 중에서 물에 잠긴 부분에만 작용하기 때문에 배의 아래쪽에 그 중심(부심)이 있 다. 만약 부력만 작용한다면 배는 말 그대로 수면 위에 떠 있게 될 것이다. 하지만 부력과 같은 크기의 중력이 작용하여 두 힘이 평형

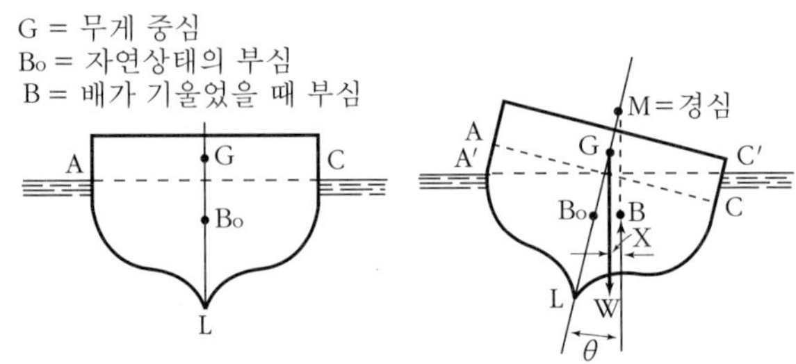

경심이 무게 중심보다 아래 있게 되면 배가 불안정하여 뒤집어질 수 있다.

을 이루기 때문에 배는 물속에 일부가 잠긴 채로 있게 된다. 이와같이 부력과 중력은 배의 균형을 유지하는데 고려해야 하는 중요한 힘들이다. 즉, 중력에 의한 힘의 중심인 무게 중심은 변하지 않는 데 비해, 배가 기울어지면 물속에 잠기는 부피가 달라지기 때문에 부심의 위치는 변하게 된다. 배가 기울어졌을 때 부심을 이은 선과 무게 중심을 이은 선이 만나는 지점을 경심(metacenter)이라고 한다. 이 경심은 배의 복원성을 판단하는 기준이 될 수 있는데, 18C 프랑스의 수학자 피에르 부게르(Pierre Bouguer)가 고안한 방법으로 오늘날까지 사용되고 있다. 경심이 무게 중심보다 위쪽에 있으면 중력과 부력은 복원력으로 작용하여 원래의 자세를 회복하게 되지만, 경심이 무게 중심보다 아래에 있게 되면 두 힘이 배를 기울어진 방향으로 계속 기울게 하는 원인이 된다.

대포를 배에 장착하는 문제로 고심하여 아이디어를 낸 것은 16C 영국의 헨리 8세였다. 헨리 8세는 프랑스와 계속된 전쟁으로 국력을 낭비할 것이 아니라 바다를 통해 식민지를 개척해야 함을 잘 알고 있었다. 그러기 위해서는 당시의 해상 강국이었던 포르투갈과 에스파냐와 경쟁을 할 수 있는 강력한 전함이 필요했다. 그래서 그는 막대한 자금을 동원해 전함을 연구했으며, 이때 그는 바퀴 달린 대포를 갑판이 아니라 용골 쪽으로 내려 장착함으로써 강력한 전함을 가질 수 있게 되었다.

무거운 대포를 갑판에 많이 올리게 되면(물론 갑판의 좁은 공간 때문에 많이 올릴 수도 없었지만) 배의 무게 중심이 높아지기 때문에 경심이 무게 중심보다 아래에 오는 불안정한 배가 될 수밖에 없었다. 헨리 8세는 대포를 갑판 아래쪽에 장착하고, 개폐가 가능한 방수용 포문을 설치해 이 문제를 해결했던 것이다.

그렇다고 무조건 배의 무게 중심을 낮추는 것이 좋은 것은 아니다. 무게 중심이 너무 낮으면 복원성이 지나치게 좋아서 너무 빨리 자세를 잡는 바람에 배가 심하게 흔들리게 된다. 따라서 무게 중심과 경심 사이의 거리(이를 GM이라고 한다)는 일정한 범위를 가지도록 배를 설계하는데, 상선의 경우 선폭의 약 5%로 여객선의 경우 약 8%로 유지한다.

돛단배의 역사

돛단배의 출현 시기가 정확하게 언제인지는 알 수 없지만, 기원전부터 전 세계에서는 이미 다양한 돛단배가 있었다는 것으로 보아 그 역사가 꽤 길다는 것을 추측할 수 있다.

범선은 바람을 거슬러 움직일 수는 있어도 바람이 없으면 움직일 수 없다.

이후 노를 주 동력으로 사용하고 돛을 함께 사용하는 갤리선(galley)이 배의 일반적인 형태였다. 〈트로이〉에는 트로이 해안에 CG로 구현해 낸 수천 대의 갤리선이 트로이 해안을 가득 채우는 장관을 볼 수 있다. 영화 속에서 볼 수 있듯이 갤리선은 많은 노잡이가 필요한 노동 집약적인 선박이었다. 따라서 속력이 느릴 수밖에 없었고 많은 노잡이들 때문에 오랜 항해를 할 수 없을뿐만 아니라 결정적으로 대포를 장착할 수 없었다는 것이 문제였다.

15세기에 들어 이러한 문제를 해결하면서 새롭게 등장한 배가 바로 캐러벨선(caravelle)이다. 캐러벨선은 포르투갈의 엔리케 왕자가 향료 무역을 지배하기 위해서 새로운 배가 필요하다는 것을 깨닫고 과학자와 기술자를 모아서 만든 당시로서는 혁신적인 범선이었다. 캐러벨선은 갤리선에 비해 튼튼하고 속도가 빠르며, 많은 화물을 적재할 수 있었을뿐만 아니라 대포도 장착할 수 있었다. 포르투갈의 독주를 막기 위해 에스파냐에서는 캐러밸선보다 거대한 갈레온선(galleon)을 만들었다.

역사상 최대의 범선인 프로이센호는 '바다의 여왕'으로 불리기도 했다.

대양 항해를 위해 이렇게 거대한 범선이 필요한 것은 많은 화물을 싣기 위한 것도 있었지만, 범선의 경우 돛의 수가 많고 크면 더 빨리 움직일 수 있기 때문이다. 돛은 사각돛과 삼각돛이 있는데, 사각돛이 바람 받는 면적이 넓기 때문에 효율이 좋다. 하지만 역풍이 불 때는 전혀 역할을 하지 못하기 때문에 삼각돛과 함께 사용하는 것이 일반적이었다. 물론 삼각돛이라 할지라도 정면으로 바람을 거슬러 항해를 할 수는 없으며 지그재그 형태로 항해를 해야 한다(이 기술을 비팅(beating)이라고 한다). 대항해 시대에 사용된 돛과 현대의 돛은 큰 차이가 없을 만큼 당시 돛의 설계 기술은 뛰어났다. 다만 현대에는 합성수지로 만든 비행기 날개 모형의 돛을 사용함으로써 역풍에 대해 더 좋은 각도에서도 효과적으로 항해가 가능하다. 1902년에 제작된 독일의 프로이센호는 돛의 면적이 무려 5,400m²로 돛을 전부 올리면 19노트라는 놀라운 속력까지 낼 수 있었다.

항해를 위해서 꼭 필요한 것

거대한 돛을 달고 빠른 속력을 낼 수 있다고 해서 대양 항해를 할 수 있었던 것은 아니었다. 이것보다는 정확한 해도와 위치를 확인할 수 있는 수단이 선장에게 더욱더 필요했다. 영화 속에서 잭이 적함에 쫓기면서도 수습 선원들에게 육분의(sextant)를 사용하여 태양의 고도를 측정하는 방법을 가르치고 있는 장면이 있었는데, 배의 위치를 아는 것이 그 만큼 중요하

정확한 항해를 위해 해도는 필수적이다.

육분의로 태양의 고도를 측정하는 훈련을 하고 있다. 하지만 태양을 직접 봐야하기 때문에 눈에 매우 좋지 않은 영향을 준다.

기 때문이다. 육분의는 원을 6등분한 모양과 같이 생겼다고 해서 붙여진 이름으로, 팔분의를 개량해서 만들었다. 육분의나 팔분의는 해상에서 천체의 고도를 정확하게 측정하여 비교함으로써 배의 위치를 정확하게 알기 위해 사용되었다. 육분의나 팔분의는 고대 그리스의 천체 측정 기구였던 아스트롤라베(astrolabe)가 그 기원인데, 이

를 사용하기 위해서는 세 사람이나 필요했기 때문에 매우 불편했다. 또한 원측의나 직각기(cross-staff)를 사용할 경우 태양을 직접 쳐다봐야 하는 어려움이 있었다. 이 때문에 나이 많은 선장들은 태양을 장기간 쳐다봄으로 인해서 한쪽 눈의 시력을 잃는 경우가 많았으며, 이것이 해적 영화에 애꾸눈 선장이 많이 등장하는 원인이기도 했다. 이러한 불편을 없앤 것이 바로 백스태프(back-staff)였고, 이것을 개선한

아스트롤라베

것이 육분의와 팔분의였다. 망원경이 부착된 육분의는 1′까지 측정할 수 있는 정밀한 도구였지만 흔들리는 배에서 정확하게 천체의 위치를 측정한다는 것은 결코 쉬운 일이 아니었다. 천체의 위치를 확인한 후에는 그때의 정확한 시간을 알아야 했다. 이때 사용한 시계를 크로노미터(chronometer)라고 불렀고 태엽을 이용한 시계가 이용되었다. 크로노미터는 진자시계가 흔들리는 배 위에서 제 성능을 발휘하지 못했기 때문에 만들어진 해상시계였다.

위치를 안다고 하더라도 배의 속도를 모르면 항해를 할 수 없다. 영화에서 납작한 나무 조각(로그(log)라고 하는데, 지금도 배의 속력을 측정하는 선속계를 로그라고 한다)이 달려 있는 밧줄을 바다에 던진 후 한 사람은 매듭을 세고 다른 사람은 모래시계를 통해 시간을 재는 장면이 있다. 매듭은 51피트(약 15 m) 마다 매어 있으며, 모래시계는 30초짜리를 사용했다. 즉, 모래시계의 모래가 모두 내려왔을 때 마디의 수가 바로 배의 속력이며 그것을 노트(knot, 기호로 kt 또는 kn을 사용한다)라고 불렀다. 즉, 한 시간에 1해리(1,852 m)를 이동했을 때가 1노트이다.

이러한 도구를 갖추고 있다 해도 정확한 지도가 없다면 아무 소용

이 없었다. 영화 속에서도 잭이 수시로 해도를 꺼내서 자신의 위치와 적함의 위치를 계산하는 장면을 볼 수가 있는데, 항해에서 정확한 해도는 항해의 승패를 결정지을 만큼 중요했다.

지도를 만드는 데 있어서 어려운 점은 지구는 둥글지만 종이는 평면이기 때문에 그것을 그대로 옮겨 그릴 수가 없다는 것이었다. 이러한 어려움을 해결한 것은 네덜란드의 지리학자 메르카토르(Gerard Kremer Mercator)였다. 메르카토르는 당시의 해도가 정확하지 않아 대양 항해가

메르카토르는 16세기 네덜란드의 지리학자로 근대 지도학의 시조로 불린다. 항해도에 적합한 메르카토르 도법을 창안했다.

어렵다는 사실을 알았다. 그는 1569년 지구를 작은 조각으로 잘라 극지방 쪽을 잡아 늘여 서로 붙여 만드는 메르카토르 투영법을 통해 세계지도를 완성하였다. 이 투영법은 극 쪽으로 갈수록 왜곡이 심하다는 단점이 있었지만 항해에는 큰 문제가 없기 때문에 지금도 해도로 널리 사용되고 있다.

지도를 어느 정도 정확하게 그렸다고 하더라도 위도와 경도를 표시하지 못하면 정확성은 크게 떨어질 수밖에 없었다. 지도에 두 좌표를 통해 표시하는 경도와 위도를 통한 지도 제작 방식은 천문학자로 알려진 프톨레마이오스(Klaudios Ptolemaeos)의 아이디어였다. 프톨레마이오스는《알마게스트 Almagest》를 통해 17세기까지 천문학에 지대한 영향을 끼쳤으며, 그의 지리학 명저인《지리학 Geographia》은 거의 2000년 동안 지리학 교과서의 역할을 했다. 지도에 위도를 표시하는 것은 경도에 비해 상대적으로 쉬웠다. 즉, 지구가

벌레가 있는 빵을 먹어야 할 정도로 항해 도중 선원들의
먹거리는 부실했다.

둥근 모양을 하고 있어 적도는 오직 하나밖에 없었다. 하지만, 경도
의 기준을 정하기는 쉽지 않았는데, 경도는 본초자오선을 정하고 지
구 둘레를 정확히 알아야 하는 등 여러 가지 문제가 있기 때문이다.
영화에서도 영국과 프랑스의 함선이 서로 전투를 하고 있었지만, 지
도 제작에 있어서도 두 나라는 서로 경쟁관계였다. 즉, 서로 막대한
자금을 투자하여 경도의 기준을 마련하고자 했고, 이 경쟁에서도 영
국이 이김으로써 그리니치 천문대를 통과하는 자오선이 기준이 되
어 오늘날까지 사용되고 있는 것이다.

이와 같이 많은 과학자와 기술자의 도움을 받았지만 대항해 시대
의 항해는 여전히 고독하고 위험한 일이었다. 해적이나 적선을 만나
지 않더라도 조금만 항로를 잘못 잡으면 배가 좌초되거나 영화 속에
서와 같이 무풍지대에 들어서 오도 가도 못하는 신세가 되곤 했다.
다행히 적의 포탄과 폭풍을 피했다고 하더라도 부실한 식사와 비위
생적인 환경(영화 속에서도 빵에서 벌레가 기어 나오는 것을 볼 수
있다)으로 인해 괴혈병 등의 질병으로 인해 죽기 일쑤였다. 이렇게
힘든 상황에서 선원들을 통제하기 위해 채찍과 교수형은 보기 드문
일이 아니었지만 영화 속의 오브리 선장은 단 한 번의 채찍으로도
부하들을 멋지게 통솔하는 카리스마를 보여 준다.

스팀보이
(Steamboy, 2004)

〈스팀보이〉는 16년 전 단지 〈아키라〉 한 작품으로 제패니메이션의 전설이 되어 버린 오토모 가츠히로의 두 번째 작품이다. 전작이 사이버펑크 애니메이션이라는 다분히 컬트적인 작품이었다면 이번에는 한결 대중적이다. 완벽주의자 오토모 가츠히로는 10년이라는 제작기간과 24억 엔이라는 막대한 제작비를 투자하여 또 하나의 전설이 될 이 작품을 내놓는다.

영화의 배경은 제목에서 알 수 있듯이 증기 기관이 모든 산업의 원동력으로 활발하게 사용되고 있던 19세기 중반의 영국이다. 디자인이 세련되지는 못했지만 등장하는 증기 병이나 개인용 비행기와 같은 발명품은 오늘의 기술 수준에 결코 떨어지지 않는다. 무한의 증기를 내

스팀볼과 같이 엄청난 과학의 성과를 대중이 받아들일 준비가 안 되었다면 이를 숨겨야 하는 것일까?

뿜을 수 있는 스팀볼의 경우 그 위력에 있어서는 거의 원자력에 필적하는 위력을 보여 준다. 아직 준비되지 않은 대중에게 과학의 두려운 힘을 공개해서는 안 된다고 하는 것이나 거대한 스팀성을 하늘로 띄우는 것 등에서 스팀볼은 놀라운 과학의 결정체인 원자력이라고 할 수 있는 것이다.

유리를 사용한 혁명적 건축물

수정궁은 아름다움뿐만 아니라 건축 기법에 있어서도 혁명적인 건축물이었다.

너무나 아름다운 수정궁(crystal palace)을 배경으로 무기를 판매하기 위해 런던 세계무역박람회를 쑥대밭으로 만드는 미국의 오하라 재단. 마치 무기 수출을 위해 전쟁을 방관하거나 부추기는 강대국의 모습을 꼬집는 듯한 모습이다. 유리와 철로 만들어진 수정궁은 단지 아름다움에서뿐만 아니라 그 당시 일반적으로 사용되던 건축 재료에서 탈피한 획기적인 건물로 건축계에 많은 영향을 끼쳤다. 당시 산업혁명으로 도시에 많은 사람들이 모이게 되고 새로운 건축 형식이 필요했는데, 이러한 건축의 혁명이 J.팩스턴이라는 온실 관리인에 의해 이루어졌던 것이다. 수정궁은 철골을 사용하고, 판유리를 사용함으로써 현대의 유리로 된 마천루의 원형이 된 작품이었다. 새로운 건축 재료로 유리가 등장할 수 있었던 것은 19세기가 되자 판유리를 불어서 만드는 것이 아니라 원통으로 만드는 기술이 개발되었기 때문이다. 19세기 이전까지 모든 유리는 불어서 만들었는데, 이렇게 만들면 판유리 가운데에 왕관 모양의 혹이 생겼기 때문에 크라운 유리(crown glass)라 불렀다. 수정궁에 의해 이루어진 건축의 혁명이 바로 붐으로 이어지지는 않았는데, 이는 유리가 열전도율이 커서 열손실이 많았기 때문이다. 오늘날의 빌딩 유리는 두 겹으로 만들어서 이러한 문제를 해결할뿐만 아니라 코팅을 통해서 에너지 절약 효과를 극대화시킨다. 또한 스마트 유리의 경우 햇빛의 강약에 따라 유리의 투명도가 달라지는 등 환경의 변화에 대처하는 현명함까지 가지고 있기 때문에 오늘날 건축에서는 유리를 빼놓고 생각할 수 없게 되었다.

증기 기관

주전자 끝에서 뽀얗게 보이는 김은 수증기가 아니다. 수증기는 기체 상태의 물을 이르는 말로 기체는 크기가 작아서 눈에 보이지 않는다. 김은 수증기가 응결해서 생긴 조그만 물방울로 빛을 사방으로 산란시키기 때문에 하얗게 보인다.

증기 기관이 만들어졌을 당시 증기 기관을 이용한 다양한 발명품이 등장했다.

흔히 오늘날에는 증기 기관이 사용되지 않는다고 생각할지 모른다. 물론 제임스 와트가 산업혁명을 일으켰던 그러한 형식의 증기 기관은 관광용으로 일부 사용되고 있을 뿐 더 이상 산업현장에서 사용되지는 않는다. 하지만 원자력 발전 또한 증기를 사용한 일종의 증기 기관이라는 사실을 알고 있는가? 열기관은 연료가 연소되는 장소에 따라 외연 기관과 내연 기관으로 구분할 수 있다. 외연 기관은 연료가 실린더 밖에서 연소되는 것으로 증기 기관의 경우 보일러 밖에서 석탄을 태워서 증기를 실린더로 공급한다. 이에 비해 내연 기관인 가솔린 기관은 실린더 내부에서 연료가 연소하고 폭발하는 힘으로 실린더를 움직인다. 원자력 발전소의 경우에도 핵분열 시에 발생하는 열을 통해 물을 끓이고 이때 발생한 증기로 터빈을 돌리는 증기 터빈을 사용하고 있기 때문에 일종의 증기를 사용한 기관이라고 할 수 있는 것이다.

스팀볼을 만들 수 있을까?

스팀을 압축해서 넣는다고 하더라도 이렇게 하늘을 계속 날아다닐 만큼 넣을 수는 없다.

사실 스팀볼의 최초 발명자는 2000년 전 알렉산드리아의 기술자 헤론이다. 그는 구에 물을 넣고 가열하여 빠져 나오는 증기에 의해 구가 회전하도록 했던 것이다. 영화 속의 스팀볼은 단지 3개만으로 거대한 스팀성을 하늘로 띄울 수 있을 만큼 엄청난 양의 증기가 나온다. 그렇다면 축구공만한 스팀볼 속에 그렇게 많은 양의 증기를 넣을 수 있을까?

물질은 온도와 압력에 따라 고체, 액체,

기체의 세 가지 상태를 가진다. 압력이 충분히 높다면 100℃가 넘는 온도에서도 물은 끓지 않고 액체 상태로 존재하게 된다. 다른 말로 하면 용기 속에 기체를 너무 많이 집어넣어서 압력이 높아지게 되면 용기 속의 기체는 액체로 바뀌어 버린다. 부탄가스 통을 흔들어 보면 흔들리는 액체를 느낄 수 있는 것은 바로 이 때문이다. 따라서 스팀볼 속의 수증기는 기체가 아니라 액체 상태인 물의 상태가 되어야 한다. 이렇게 되면 스팀볼 속에는 물만 가득하게 된다. 그 상태가 되면 더 이상의 증기는 들어가지 않는다. 액체는 압축성이 거의 없기 때문에 그 속으로 수증기를 더 밀어 넣을 수는 없다. 이것을 반대로 생각하면 스팀볼에서 나올 수 있는 증기의 양을 계산할 수 있다. 스팀볼 속에 최대한의 증기를 집어넣게 된다면 그것은 액체 상태로 존재하게 될 것이다. 따라서 이 물이 증기로 바뀌는 만큼 나올 수 있다. 물이 증기로 바뀌면 부피가 약 1,700배 늘어난다. 따라서 스팀볼 부피의 1,700배 이상의 증기는 나올 수 없다는 계산이 된다. 물의 임계점은 374℃인데 이 이상의 온도인 증기라면 압력을 높인다고 해도 계속 기체 상태로 남아있게 된다. 아마 스팀볼은 400℃가 넘는 증기로 꽉 찬 구라고 생각할 수 있을 것 같다. 어쨌든 스팀볼은 재미있는 발상이라고 할 수 있다.

스팀볼에서 나오는 증기에 의해 런던의 템즈 강이 얼어 버리게 된다. 이것은 단열팽창에 의한 온도 하강을 표현하기 위한 것으로 상당히 과학적인 묘사가 돋보이는 장면이라 할 수 있다.

스팀볼에서 나온 증기에 의해 강과 배들이 얼어 버린다.

열역학의 원리

　　열역학 제1법칙(에너지보존 법칙)에 의하면 공급된 열에너지는 계가 외부에 한 일을 제외하면 내부 에너지의 증가에 사용된다. 이것은 스팀볼 속에 나올 수 있는 에너지는 스팀볼 속에 증기를 공급할 때 사용된 열에너지의 양보다 항상 적다는 것이다. 이것은 물리적으로 생각해 보면 왜 그렇게 다이어트가 힘든지도 알 수 있다. 우리가 먹은 음식은 절대로 사라지지 않는다. 음식을 통해 얻은 열량은 열로 소모하거나 운동으로 소모해야만 축적되지 않는다. 우리가 하루에 먹는 2,000 kcal(kcal라는 단위와 Cal이라는 단위가 같다)의 음식을 열에너지로 발산한다면 매초 몸에서는 100 W 전구와 같은 에너지를 발산하게 된다. 이번에는 열량을 운동 에너지로 바꾸어 보자. 열량이 900 kcal의 아이스크림을 먹었다면 이 열량은 몸무게 60 kg인 사람이 지상에서 에베레스트 산을 거의 2/3나 올랐을 때의 위치 에너지와 같은 양이 된다.

　　열역학 제2법칙은 엔트로피 증가의 법칙이라는 것으로 자연이 항상 무질서한 방향으로 나아가려는 경향이 있다는 것을 나타내 준다. 엔트로피(entropy)라는 것은 무질서도를 나타내며 열역학에서 나온 이 용어가 이제는 사회 여러 분야에서 사용되고 있다. 에너지 보존 법칙에 의하면 에너지는 항상 보존되기 때문에 에너지를 절약할 필요가 없어진다. 하지만 우리가 에너지를 절약해야 한다는 것은 누구나 안다. 그것은 유용한(질서 있는) 에너지가 쓸모없는(질서 없는) 에너지로 바뀌기 때문이다. 자연에서는 절대로 쓸모없는 에너지가 쓸

모 있는 에너지로 바뀌지 않는다. 오래된 건물이 무너지는 것이나 쏟아진 컵의 물을 다시 주워 담을 수 없는 것도 엔트로피의 증가 때문이다. 이와 같이 세상의 모든 것이 무질서한 방향으로 흘러가려고 하지만 오히려 생명체들은 그에 역행하여 질서를 만들어 내고 있는 듯이 보인다. 하지만 생물이 질서를 갖추기 위해서는 주변에 더 많은 무질서를 생산하게 된다. 이는 우리가 아무리 개발의 논리를 아름답게 치장한다 하더라도 개발을 위해 주변에 더 많은 무질서를 퍼뜨린다는 것을 말해 준다. 그렇다고 개발을 멈추라는 것은 아니며, 엔트로피의 증가를 멈출 수는 없지만 늦출 수는 있다. 주변이 어지러운 무질서한 사무실보다는 정리가 잘된 사무실이 더 효용가치가 있으며, 일단 어지러워 정리하는 데 많은 에너지가 소모된다는 사실을 알고 있다면 당신은 어렵게만 느껴지는 열역학 제2법칙을 이해하고 있는 것이다. 물리학으로 보면 세상이 보인다.

신화–진시황릉의 비밀
(神話: The Myth, 2005)

세계적인 액션 스타 성룡과 아시아 공식 미인 김희선의 만남으로 많은 관심을 모았던 영화이다. 고대의 신비스러운 유물을 찾아 과거의 비밀을 캐낸다는 〈미이라〉나 〈인디아나 존스〉와 많은 점에서 닮은꼴이다. 하지만 할리우드의 영화들이 피라미드와 같이 서양 유적이나 전설들만 다루어온 데 비해 〈신화–진시황릉의 비밀〉은 동양 최대의 신비 중 하나인 '진시황릉'을 소재로 하고 있다는 점이 색다르다. 고고학자 성룡과 함께 신비에 싸여있는 진시황릉의 비밀을 찾아 떠나보자.

이 영화의 줄거리 자체는 허구이지만 여기에 등장하는 내용의 많은 부분은 역사에 근거한다. 즉, 사마천의 《사기(史記)》에 의하면 불로초나 진시황릉, 운석과 몽의에 대한 이야기가 나온다. 《사기》의 '진시황본' 편에 의하면 진나라에서 가문 대대로 장군을 지낸 몽씨 집안은 진시황의 총애와 믿음을 얻었다고 한다. 형 몽염은 30만 군대를 호령하는 장군으로 흉노를 토벌하는 공을 세웠고, 몽의는 항상 황제와 함께 다니며 정책을 입안하는 일

몽의 장군은 몽염 대장군의 동생으로 진시황의 신임을 받았다.

을 했다. 영화 속에서는 몽의 장군이 불로장수의 영약을 가지러 간 사이 시황제가 붕어한 것으로 나오지만, 실제는 몽의가 시황제의 병에 대해 기도를 드리러 간 사이에 일이 벌어졌다. 그리고 영화 속에서와 같이 승상과 결탁한 세력들이 그들 형제를 제거하게 된다. 또한 영화에서는 서귀 장군이 불로장수의 영약을 가지고 왔다 하는데, 역사서에 의하면 진시황이 불로초를 구하기 위해 보낸 것은 서복이라는 사람이다. 서복은 불로초를 구하기 위해 제주도에도 왔었다고 하며, 서귀포는 바로 서복이 떠나갔던 포구라고 한다. 서복은 마지막에 일본으로 건너가 신선이 되었다고 전해지는 묘한 인물이다.

공중 부양이 가능할까?

잭은 꿈속의 여인에 이끌려, 친구인 물리학자 윌리엄(양가휘 분)은 공중 부양의 비밀을 알아내기 위해 진시황릉을 찾아 나선다. 진시황릉을 찾기 위해 처음으로 방문한 곳은 인도의 다사이 왕국. 이곳에서 공중 부양을 하는 승려를 볼 수 있었는데, 승려가 공중 부양을 할 수 있었던 것은 신비한 돌(운석)에 의한 것이었다. 《사기》에는

동군(東郡)땅에 운석이 떨어진 일이 있었다고 한다. 어느 백성이 이 운석에 '진시황이 죽으면 나라가 양분된다' 고 새겼고, 이 소식을 들은 진시황이 글을 새긴 자를 찾고자 했지만 알 수 없었다. 이에 진시황은 운석이 떨어진 마을 사람들을 모두 죽이게 된다. 하지만 영화 속에서는 이 운석이 공중 부양을 가능하게 하는 신비로운 힘을 지녔다고 가정하고 있는 것이다. 이 넓은 우주에는 반중력이 작용하는 특이한 물질이 존재하지 않는다고 단정지을 수는 없다. 하지만 태양계 내부에 있는 운석 중에 이러한 물질이 있을 가능성은 거의 없다. 한 해 수십 개 이상의 운석이 발견되지만 완전 새로운 물질로 된 운석이 떨어진 경우는 없기 때문이다.

공중 부양 중인 다사이 왕국의 승려

공중 부양이라고 하면 인도의 수도승이나 초월 명상 운동(TMM)의 회원들이 가부좌를 하고 공중으로 떠오르려고 하는 모습을 상상할 것이다. 또는 밧줄 타고 하늘을 올라가는 아이의 이야기를 떠올릴지도 모르겠다. 하지만 서양에는 이들 못지않게 공중 부양으로 유명했던 더글라스 홈이라는 사람이 있다. 홈은 여러 사람이 지켜보는 가운데 방에서 날아올랐다고 하는데, 이 이야기가 잡지에 실리면서 아직까지 논쟁이 벌어지기도 한다. 공중 부양에 회의적인 반응을 보이는 쪽에서는 대부분의 공중 부양이 조작이나 사기이며, 나머지는 착각이라고 주장한다. 사실 홈의 경우에도 어두운 방안에서 시연해 보였기 때문에 어떤 조작이 있었는지 확인하기 어렵다.

공중 부양의 활용

영화 속 진시황은 반중력이 작용하는 운석으로 화려한 무덤을 짓는 데 사용했고, 물리학자 윌리엄은 공중에서 커피 마시는 재주를 부리는 데 사용했다. 이러한 반중력 물질은 운송 수단

반중력을 만들어내는 운석을 가지고 공중에서 커피 마시기 재주를 부리는 윌리엄.

에 일대 혁명을 일으킬 것은 분명하다. 하지만 정말 놀라운 사용처는 바로 순간 이동이나 타임머신 제작에 쓰일 수 있다는 것이다. 우주 공간의 두 지점을 연결하는 웜홀은 순간 이동을 가능하게 해줄뿐만 아니라 타임머신으로도 사용 가능하다. 이러한 웜홀을 이용하는 데 걸림돌은 빛조차 들어가지 못할 정도로 순식간에 사라진다는 것이다. 이 웜홀을 빛이나 우주선이 통과할 만큼 열어두는 데 필요한 것이 바로 반중력 물질인 것이다.

잭의 서재에 있는 공중 부양 지구본과 같이 마술사들의 속임수가 아니라 진짜로 공중 부양은 가능하다. 바로 자기력을 이용한 방법이다. 영화에 등장하는 공중 부양 지구본은 레비트

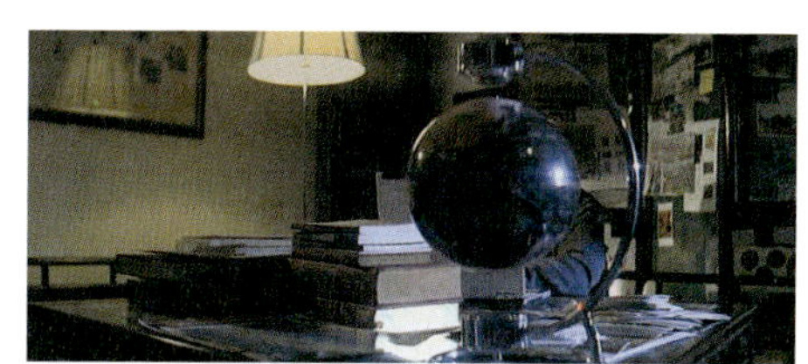

잭의 서재에 있는 공중 부양 지구본. 영구자석으로는 공중 부양이 불가능하기 때문에 전자석으로 지구본을 공중 부양시킨다.

론에서 만든 스텔라 노바(STELLA NOVA)라는 제품으로 공중 부양 팽이를 만들어 유명해진 곳이다. 흔히 사람들은 철과 같은 금속만 자석에 붙는다(반응한다)고 생각한다. 하지만 세상의 모든 물질은 자석에 반응한다. 따라서 모든 물질은 엄밀한 의미에서 자성체라고

할 수 있다. 자기장을 걸었을 때 철과 같이 자석에 끌리는 것을 강자성체라고 하며, 알루미늄과 같이 약하게 끌리면 상자성체라고 한다. 하지만 많은 물질은 강한 자기장을 걸어 주면 끌리는 것이 아니라 오히려 자석에서 멀어지려고 한다. 이러한 물질을 반자성체라고 한다. 우리 몸을 구성하는 대부분의 물질은 반자성체로 되어 있어서 강력한 자기장을 걸면 공중에 뜰 수 있다. 실지로 1999년 네덜란드 노팅검 대학과 니메겐 대학의 과학자들은 60테슬러나 되는 자석으로 개구리를 공중 부양시키는 데 성공했다고 한다. 충분히 강한 자기장만 만들어 주면 인체도 공중 부양이 가능한 것이다.

나비 효과
(The Buttefly Effect, 2004)

"나비의 날갯짓이 지구 반대편에 선 태풍을 일으킬 수도 있다.–카오스 이론"이라는 자막과 함께 영화는 시작된다. 따라서 관객들은 카오스 이론을 소재로 한 SF 영화가 아닐까 생각하기 쉽다. 하지만 아쉽게도 이 영화는 나비 효과에 대한 인식 부족을 드러낼뿐만 아니라 과학적인 근거도 없이 기억의 수정을 통해 미래가 바뀐다는 설정을 도입함으로 인해서 SF가 아니라 판타지의 세계로 관객을 끌고 간다. 또한 과거를 수정함으로써 미래가 바뀐다는 소재 또한 별로 새롭지가 못하다. 하지만 이러한 평론가의 혹평

과 반대에도 불구하고 많은 관객들이 열광하는 이유는 감각적인 영상과 시나리오, 반전과 결말의 여운 등 여러 가지 요소들이 영화 속에 잘 어우러져 있기 때문일 것이다.

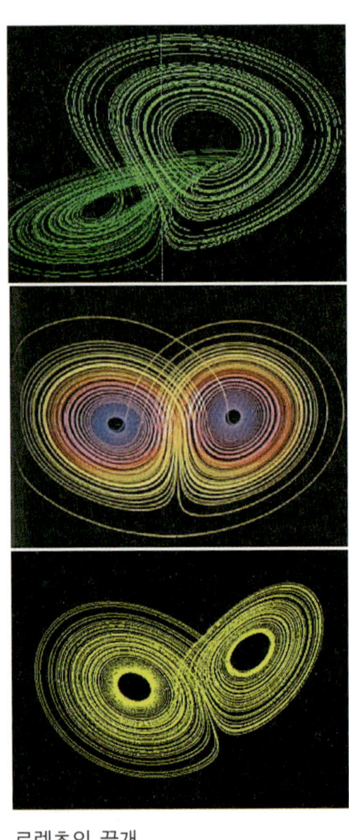

로렌츠의 끌개.

나비 효과는 MIT의 기상학자인 에드워드 로렌츠(Edward N. Lorenz)에 의해 발견된 현상으로 알려져 있지만 사실 그 이전부터 알려져 있었다. 다만 뉴턴 역학으로 대표되는 기계론적 사고의 그늘에 가려져 있었을 뿐이다. 뉴턴의 운동 제2법칙으로 알려져 있는 $a = F/m$라는 식이 의미하는 바는 물체의 질량과 작용하는 힘을 알게 되면 물체의 운동 상태를 예견할 수 있다는 것이다. 즉, 어떤 시점에서 물체의 상태를 알게 되면 미래를 알 수 있기 때문에 이를 선형적 또는 결정론적이라고 하는 것이다. 이와는 달리 카오스 이론을 비선형적이라고 이야기하는 것은 초기 조건에 민감하게 의존하기 때문이다. 깃털의 질량과 떨어뜨릴 높이를 안다고 해서 깃털이 어떤 운동을 하게 될지는 알 수 없다. 이것은 깃털의 운동이 떨어뜨릴 때 깃털의 방향이나 공기의 흐름과 같이 초기 조건에 민감하기 때문이다. 깃털을 떨어뜨릴 때마다 운동이 달라지기 때문에 이러한 상황에서는 미래를 예견할 수 없게 된다. 에반(애쉬튼 커처 분)이 과거를 수정해도 미래가 원하는 방향으로 흘러가지는 않는 것이 바로 카오스 계를 나타내기 때문에 제목을 '나비 효과'라 붙인 것이다. 하지만 에반이 교도소에서 탈출하기 위해 자신의 손바닥에 상처를 만드는 것과 같이 영화 속의 많은 사건들이 인과 관계가 성립하는 예측된 결과이다. 따라서 미래를 알 수 없는 카오스적인 상황과 거리가 멀다는 것이다.

나비 효과는 나비의 날갯짓이 폭풍의 원인이 되는 인과 관계를 나타내려고 하는 것이 아니라 나비의 날갯짓과 같이 사소한 원인도 증폭되어 폭풍과 같은 큰 사건을 일으킬 수 있다는

에반이 자신의 과거를 바꾸기 위해 일기장을 보고 있다.

것을 나타낸다. 또한 나비 효과는 기상청이 내일의 날씨는 잘 맞추지만 다음 주의 날씨는 잘 맞추지 못하는 원인도 잘 설명해 준다. 이와 같이 나비 효과의 발견은 마치 일기예보뿐만 아니라 과학의 신뢰성에 큰 상처를 낸 것처럼 보인다. 하지만 기상학자들은 오히려 나비 효과까지 고려한 앙상블 예보라는 방법을 통해 일기예보의 정확성을 높여 나가고 있으며, 많은 과학자들은 혼돈 속에서 질서를 찾아내고 있다. 생물학자는 뇌와 심장의 활동을, 경제학자는 주식의 폭등을 카오스로 설명하려고 하는 등 일상의 많은 부분에서 카오스가 활발하게 연구되고 있다.

찾아보기

과 학

영 화

영화로 새로 쓴 물리교과서

지은이 • 최원석

펴낸이 • 조승식

펴낸곳 • 도서출판 이치 SCIENCE

등록 • 제9-128호

주소 • 142-877 서울시 강북구 수유2동 240-20

www.bookshill.com

E-mail • bookswin@unitel.co.kr

전화 • 02-994-0583

팩스 • 02-994-0073

2008년 1월 20일 1판 1쇄 발행

2011년 8월 20일 1판 4쇄 발행

값 9,800원

ISBN 978-89-91215-63-4

ISBN 978-89-91215-62-7(세트)

* 잘못된 책은 구입하신 서점에서 바꿔 드립니다.

• 이 도서는 도서출판 북스힐에서 기획하여 도서출판 이치에서
출판된 책으로 도서출판 북스힐에서 공급합니다.
142-877 서울시 강북구 수유2동 240-20
전화 • 02-994-0071 팩스 • 02-994-0073